意识的河流

The River
of Consciousness

Oliver Sacks

［英］奥利弗·萨克斯　著

陈晓菲　译

北京联合出版公司
Beijing United Publishing Co.,Ltd.

图书在版编目（CIP）数据

意识的河流 / (英) 奥利弗·萨克斯著；陈晓菲译
. -- 北京：北京联合出版公司，2023.7（2024.6重印）
ISBN 978-7-5596-6680-2

Ⅰ.①意… Ⅱ.①奥… ②陈… Ⅲ.①生物学—文集
Ⅳ.①Q-53

中国国家版本馆CIP数据核字(2023)第041400号

THE RIVER OF CONSCIOUSNESS
北京市版权局著作权合同登记　图字：01-2022-6841

意识的河流

著　　者：〔英〕奥利弗·萨克斯
译　　者：陈晓菲
出 品 人：赵红仕
选题策划：银杏树下
出版统筹：吴兴元
特约编辑：费艳夏
责任编辑：夏应鹏
营销推广：ONEBOOK
装帧制造：墨白空间·陈威伸

北京联合出版公司出版
（北京市西城区德外大街 83 号楼 9 层　100088）
后浪出版咨询（北京）有限责任公司发行
嘉业印刷（天津）有限公司　新华书店经销
字数 123 千字　787 毫米 × 1092 毫米　1/32　8 印张
2023 年 7 月第 1 版　2024 年 6 月第 4 次印刷
ISBN 978-7-5596-6680-2
定价：42.00 元

献给鲍勃·西尔弗斯

前　言

　　2015 年 8 月，奥利弗·萨克斯永远地离开了人世。去世前，他为最后这部由他亲手监制的作品《意识的河流》拟定了梗概，指示我们三人安排付梓。

　　促成本书诞生的催化剂之一是 1991 年一位荷兰导演发出的邀请函，当时希望萨克斯能参与摄制系列电视纪录片《光荣的意外》（*A Glorious Accident*）。在最后一集里，物理学家弗里曼·戴森（Freeman Dyson）、生物学家鲁珀特·谢尔德雷克（Rupert Sheldrake）、古生物学家斯蒂芬·J. 古尔德（Stephen Jay Gould）、科学史家斯蒂芬·图尔敏（Stephen Toulmin）、哲学家丹尼尔·丹尼特（Daniel Dennett），以及萨克斯博士——这六位学者围坐在圆桌旁，讨论他们在研究探索中遇到的最重要的问题，比如生命的起源、演化的意义、意识的特质等等。讨论如火如荼地展开，有一个现象也随之越来越清晰：萨克斯可以在所有这些学科中游刃有余，自如穿梭。他对科学的把握并不局限于神经科学或医学；所有科学方面的课题、观念和疑难都使他热切地充满兴趣。本书的视野彰显了他涉猎多个学科的专才和热情，萨克斯在书中不仅审视了人类经验的特质，还考察了包括植物在内的所有生命的运作。

在本书中，萨克斯探讨了演化、植物学、化学、医学、神经科学以及艺术，他召唤出深深启发了自己的科学伟人和创造力天才——尤其是达尔文、弗洛伊德和威廉·詹姆斯。自萨克斯的童年时代起，这些作家一直陪伴着他，而他本人的研究工作有很大一部分是与他们对话的延伸。和达尔文一样，萨克斯也是一个敏锐的观察者，热爱收集例证，其中许多来自他与病人和同事之间往来的巨量信件。和弗洛伊德一样，他被人类行为的最神秘莫测处深深吸引。和詹姆斯一样，萨克斯对经验的特异性始终保持关注，尽管他的研究主题是理论性的，一如他对时间、记忆和创造性的研究。

萨克斯博士希望把本书献给与他相交三十多年的编辑、良师和挚友——罗伯特·西尔弗斯（Robert Silvers），正是他最先在《纽约书评》杂志上刊登了本书中收录的文章。

凯特·埃德加（Kate Edgar）

丹尼尔·弗兰克（Daniel Frank）

比尔·海斯（Bill Hayes）

目 录

前 言   i

达尔文与花的秘密   1

速 度   27

知觉力：植物和蚯蚓的精神生活   63

另一条道路：弗洛伊德作为神经学家   82

容易犯错的记忆   106

误 听   130

创造性自我   136

一般意义上的不适   157

意识的河流   168

盲点：科学史上的遗忘与忽视   193

关于作者的说明   229

参考文献   231

译后记   241

达尔文与花的秘密

我们都知道查尔斯·达尔文（Charles Darwin）的经典故事：20 岁的青年登上"小猎犬"号，航行到世界的尽头；达尔文在巴塔哥尼亚；达尔文在阿根廷大草原（设法给自己的马儿套上索）；达尔文在南美洲收集大型灭绝动物的骨头；达尔文在澳洲第一眼看到袋鼠后惊慌失措（此时的他依然信仰上帝，"毫无疑问，有两个不同的造物主在做工"）。当然还有那桩重头戏，达尔文在加拉帕戈斯观察到每个岛上的雀都不一样，由此在理解生物演化的问题上经历了翻天覆地的转变，四分之一个世纪之后开花结果，于是便有了《物种起源》（*On the Origin of Species*）。

1859 年 11 月，随着《物种起源》的出版，故事至此迎来了高潮，并附上了挽歌式的后记：我们看到一个老去的、饱经沧桑的达尔文，还有 20 多年的余命，在塘屋（Down House）的花园里无所事事地转悠，可能会倒腾一两本书出来，但他的主要作品早已尘埃落定。

再没有比这更荒谬的叙述了。对自然选择论的批判意见，对它的支持证据，达尔文由始至终都保持警醒，陆续更新了不下 5 个版本的《物种起源》。或许 1859 年之后，他的确缩回（或者说回归）了自己的花园和温室（塘屋占地辽阔，有 5 个温室），但是对他而言，它们是启动论战的引擎，他可以从这里向外界的怀疑论发射大型的证据导弹——植物不同寻常的构造和行为很难归结为特定的创造论或设计论——在这里，支持演化和自然选择的证据铺天盖地，连《物种起源》的库存都望尘莫及。

但奇怪的是，甚至连研究达尔文的学者都很少关注达尔文的植物学作品，即便他在这方面的研究涵盖了 6 部专著和 70 多篇论文。因此，杜安·伊斯利（Duane Isely）在 1994 年出版的《一百零一个植物学家》（*One Hundred and One Botanists*）中写道：

一方面，历史上没有一个植物学家像达尔文那样被大书特书……另一方面，他极少被介绍为植物学家……他写过几本研究植物的书，这个事实在各种关于达尔文的研究中流传甚广，但提起的时候颇为随意，有点"好吧，伟人偶尔也需要调剂"的感觉。

达尔文对植物始终怀有特殊的柔情，外加一种特殊的钦慕。（他在自传中写道："高举植物在有机体中的地位总能令我高兴。"）他出生于植物学世家——他的祖父伊拉斯谟·达尔文（Erasmus Darwin）写过一部名为《植物之爱》（*The Loves of the Plants*）的两卷本长诗，查尔斯自小生活的老宅有一个占地辽阔的花园，里面不仅种满了花，还有不少苹果树，为了提升植株活力而通过杂交接种出了好几个不同的品种。在剑桥念书时，达尔文唯一坚持听完的就是植物学家 J. S. 亨斯洛（John Stevens Henslow）开设的讲座，也是亨斯洛慧眼识珠，为达尔文在"小猎犬"号上谋得一个职位。

正是以亨斯洛为对话者，达尔文将所到之处的动植物群落和地理概况巨细靡遗地记录下来。（当时这些信件被印刷出来广为流传，"小猎犬"号还没返回英格兰，达尔文就已经享誉科学圈。）也是为了亨斯洛，达尔文在加拉帕戈斯时仔细地收集了所有的开花植物（被子植物），并注意到同一属植物在群岛中的不同岛屿上分布着不同的种。当他开始思考地理隔离在新物种起源中所扮演的角色时，这将成为一条核心证据。

诚如戴维·科恩（David Kohn）在 2008 年那篇无与伦比的论文中指出的，达尔文在加拉帕戈斯采集到的植物标本总数超过 200 种，构成了"科学史上最具影响力的、前所未有的自然志物收藏……最后也成为达尔文加拉帕戈斯之行中记录得最完整的物种演化例证"。

〔与此相对的是达尔文收集的鸟类标本，辨认其分类或标记其起源岛屿时不一定准确，直到他返回英格兰、补充了同行船友收集的其他标本之后，才由鸟类学家约翰·古尔德（John Gould）整理出来。〕

达尔文与两位植物学家结为挚友，他们是邱园的约瑟夫·D. 胡克（Joseph D. Hooker）和哈佛大学的阿萨·格雷（Asa Gray）。胡克在 19 世纪 40 年代成为达尔文的知己——达尔文只向胡克一人展示过演化论的初稿——50 年代，阿萨·格雷加入这个小圈子。达尔文在写给他们的信中以日益高涨的热情，言必称"我们的理论"。

然而，尽管达尔文很乐意称自己为地理学家（根据"小猎犬"号巡航期间的所见所闻，他写过3本地理学著作。环礁起源理论最早就由他创建，直到20世纪下半叶才被后人的实验证实）。但是，对于植物学家的身份，他一直强调自己不是。其中一个理由是，植物学 [尽管 18 世纪早已起步，当时斯蒂芬·黑尔斯（Stephen Hales）写出《植物静力学》（*Vegetable Staticks*），一手开创了这门学科。该书中充斥着各种引人入胜的植物生理学实验] 依然是一门以描述和分类为主的学科：植物被辨识、分类、命名，唯独不被研究。与此相对，达尔文首先是一个研究者（investigator），他不会止步于描述植物的结构和行为，而是继续追问它们"如何"以及"为何"成为现在这样。

对许多维多利亚时代的人来说，植物学仅仅是一种嗜好或兴趣，对达尔文来说却不止如此；他始终带着理论目的研究植物，而这个理论目的必须关涉演化与自然选择。就如他的儿子弗朗西斯所言："他身上仿佛充满了理论化的力量，准备好稍有扰动便顺势流入任何一条推论的激流，无论收集到什么事实，哪怕再微小，都能生成一长串理论。"这种影响是双向的，达尔文自己也常说："不积极做理论家就当不好观察者。"

18 世纪，瑞典科学家卡尔·林奈（Carl Linnaeus）证实了花有性器官（雌蕊和雄蕊），他的植物分类学也正是以此为基础。然而，当时的人们一致公认，花是自花受精的——那为什么每朵花同时拥有雄性和雌性的性器官呢？林奈自己很享受这个想法，他把一朵拥有 9 个雄蕊、1 个雌蕊的花比作被 9 个情人环绕的少女闺房。达尔文祖父的《植物之爱》第二卷里也出现过类似构图的插画。少年时代的达尔文便浸淫在这样的成长环境中。

然而，从"小猎犬"号上岸后的一两年里，达尔文感觉自己不得不在理论层面挑战自花受精的观念。他在 1837 年的一本笔记本里这样写道："同时拥有两性器官的植物是否也会受其他植物影响？"根据他的推理，如果植物想要演化，异花受精非常关键——否则不会产生任何变异，世界将固守于单一的、自花受精的植物，然而在真实的大自然中，植物种类千差万别。19 世纪 40 年代早期，达尔文开始检验自己的理论，解剖了许多种花（其中包括 *Azaleas* 和 *Rhododendrons*[1]），并证明其中相当一部分具有防止或减少自花授粉的构造。

然而，直到1859年《物种起源》出版之后，达尔文才把全部注意力转向植物。他早期主要是一个观察者和收集者，而现在，实验成了他获取新知识的首要方式。

他观察到，正如前人发现的那样，欧报春有两种表型：拥有长柱头（即花的雌蕊）的"针形"和拥有短柱头的"丝形"。人们之前认为这些差异不具有特殊意义。然而，达尔文疑心事实正好相反。他检查了孩子们带回来的欧报春枝条，发现针形对丝形的比例恰好是一比一。

达尔文的想象力瞬间起飞：一比一的比例会让人想到那些性别二态的物种——会不会长花柱花尽管雌雄同体，但其实正在向雌性转化，短花柱花则正在向雄性转化？他实际看到的会不会是一些中间态，是正在进行的演化？这是个诱人的想法，但是站不住脚，因为短花

1　根据林奈的分类法，*Azaleas* 和 *Rhododendrons* 是杜鹃的两个属，前者植株较小，有5个雄蕊，多为落叶杜鹃；后者植株较大，有10个雄蕊，多为常绿杜鹃。——译者注（后面如无标明，皆为译者注）

柱花（也就是推定的雄性）所生成的种子，和代表"雌性"的长花柱花一样多。在此，[他的朋友 T. H. 赫胥黎（T. H. Huxley）很可能会这样说]"丑陋的事实抹杀了美好的假说"。

那么，不同的柱头长度及其一比一的比例究竟有何意义？达尔文放弃理论化，转向了实验。他不辞辛劳，尝试亲自充当授粉者，趴在草坪上，让花粉在花朵间传播：长花柱传给长花柱，短花柱传给短花柱，长花柱传给短花柱，短花柱传给长花柱。等长出种子以后，他把它们收集起来，并称了重，然后发现，种子的大丰收得益于杂交。他由此得出结论，异型花柱（即同种植物拥有不同长度的花柱）是植物为了促进远缘杂交而演化出来的特殊构造，这种生殖方式增加了种子的数量，也提升了种子的活力（达尔文称之为"杂种活力"）。他后来写道："在我的科学生涯里，从来没有一件事情比弄清楚这些植物的构造更令我快乐。"

尽管达尔文始终对这一主题抱有特殊的兴趣[他在 1877 年出版了一本书，名为《同种植物的不同花型》（*The Different Forms of Flowers on Plants of the Same Species*）]，他重点关注的是开花植物如何通过适应生境来利用昆虫作为授粉媒介。众所周知，昆虫很容易被某些花吸引上门，然后全身沾满花粉，从花肚里钻出来。但是没人在意这个，因为当时普遍认为花是自花授粉的。

早在 19 世纪 40 年代，达尔文就对此抱有怀疑，50 年代，他安排自己的 5 个孩子测绘雄性熊蜂的飞行路线。他尤其欣赏生长在塘屋周围草地上的本地兰花，所以拿它们打头炮。随后，在提供兰花的朋友和通信者（尤其是胡克，彼时他已经是邱园的负责人）的协助下，达尔文将研究范围扩展到了所有的热带兰花品种。

兰花研究推进得很快，也很顺利。1862 年，达尔文已经可以把手稿寄给出版商。书名冗长直白，带着典型的维多利亚风格：《不列颠与外国兰花经由昆虫授粉的各种手段》(*On the Various Contrivances by Which British and Foreign Orchids are Fertilised by Insects*)。他开门见山地点出自己的意图，又或者说期许：

在《物种起源》中，对于我所深信的堪称普遍真理的自然法则，我仅仅从一般层面上予以论证：越是高等的有机体，越应该偶尔与另一个体杂交……我希望在此向你们证明，我不是罔顾细节妄下结论……这本专著也让我有机会表明，相比于认为每一个琐碎的构造细节都是造物主直接干预后的结果，研究活生生的有机体更能启发那些全心相信每一个生命体的构造皆可归因于第二法则的观察者。

在此，达尔文毫不含糊地发起挑战："更好地解释它——尽己所能。"

达尔文拷问兰花，拷问各种花，没有人做过类似的事。在他的兰花著作里，他为我们提供了巨量的细节，远较《物种起源》多。这并非因为他的学究气或者偏执，而是因为他觉得每一个细节都可能有意义。人们有时会说，上帝在细节中——但是，对达尔文而言，不是上帝而是自然选择，经过数百万年的运作，从细节中照显出来，这些细节若非借历史与演化之光便不可测透，毫无意义。他的植物学研究在他儿子弗朗西斯的笔下具有以下作用：

　　帮助他对抗他的批评者，这些人如此肆意独

断，认定特定构造无用，因此不可能通过自然选择演化而来。但是对兰花的观察让他有底气说："我可以向你们展示，这些看似没有意义的突起和触须实际上也有某种意义。现在谁敢说这个或那个构造是无用的？"

在1793年出版的《大自然的秘密：花的结构和授粉之发现》（*The Secret of Nature in the Form and Fertilization of Flowers Discovered*）一书中，最审慎的观察者，德国植物学家克里斯蒂安·康拉德·施普伦格尔（C. K. Sprengel）注意到，满载花粉的蜜蜂会把花粉从一朵花传到另一朵。达尔文对该书赞誉有加，称其"精妙绝伦"。但是尽管施普伦格尔把头凑得如此近，还是错过了最终的秘密，因为他仍旧与林奈主义观念海誓山盟：花是自我繁殖的，属于同一种的花本质上具有相同的特征。达尔文正是在此处与之决裂，从而破解了花的秘密。他展示了花的诸多特性——各式各样的图案、颜色、形状、蜜腺、气味，引诱昆虫从一株植物移步去另一株，还要确保它们离开之前会带上花粉，这些都是演化出来为异花受精服务的，用达尔文本人的话说，都是

"诈术"。

昆虫在明艳的花丛间嗡嗡飞舞，这一曾经引人遐思的美好光景如今成了一出生死存亡的大戏，被赋予了生物学的深度和意义。花的色彩和气味适应了昆虫的感官。一方面，蜜蜂会被蓝色和黄色的花朵吸引，但会无视红花，因为它们是红色盲。另一方面，它们能够看到紫色以外的颜色，而花朵演化出能反射紫外光的部位（把蜜蜂引向蜜腺的"蜜源标记"）就是利用了蜜蜂的这种能力。能较好识别红光的蝴蝶会为红花授粉，但可能会忽略蓝色和紫色的花。由夜蛾授粉的花倾向于无色，但这些花会在夜间散发气味。由以腐食为生的苍蝇授粉的花，可能会模仿腐烂肉体散发（对我们来说的）恶臭。

最早由达尔文揭晓的自然奥秘并不只有植物的演化，还有植物与昆虫的共同演化（coevolution）。因此，自然选择会确保昆虫的口器与它们偏好的花的构造相匹配——达尔文很乐于根据这一规律预测哪种花会吸引哪种昆虫。在检验了马达加斯加一种蜜腺近30厘米长的兰花之后，他预测人们将发现一种蛾，它的口器长度足以探入蜜腺的最深处。达尔文过世数十年后，真的有人发现了这种蛾。

《物种起源》相当于狠狠地抽了神创论一嘴巴（尽管表达得相当委婉），虽然达尔文尽量避免在书里提到人类的演化，但他的理论已经暗示得足够明显。尤其是他说人类仅仅是一种动物——猿猴——传衍自其他动物，这一观点掀起了愤怒和嘲讽的巨浪。但是对大多数人来说，植物是另一回事——它们不能移动，也没有感觉；它们栖居在自己的王国里，与动物王国之间有如深渊相隔。达尔文感觉到，植物的演化看起来不像动物演化那样和我们切身相关，也没那么有威胁性，因此更容易让人平静、理性地思考。但事实上，他在给阿萨·格雷的信中写道："没有人察觉到我写那本兰花专著的真正用意是向敌方发起一次'侧翼进攻'。"达尔文从来不是好战分子，不像他的"斗牛犬"赫胥黎那样，但是他很清楚自己有一场硬仗要打，他也不反感使用战争隐喻。

然而，使兰花专著大放异彩的既不是战斗精神，也不是论战的斗志；而是从他的所见所闻中得到的纯粹的愉悦和快乐。这种愉悦和勃勃生气从他的信件里迸发出来：

你无法想象兰花带给我多大的欢乐……多么美妙的构造啊！……局部构造的适应之美在我看来无与伦比……我快被兰花的丰富性弄疯了……一朵龙须兰属（*Catasetum*）的尤物，是我见过的最美妙的兰花……一个快乐的人，他亲眼看到成群的蜜蜂围着龙须兰纷飞，背上沾着花粉！……我这辈子从来没有像专注于兰花那样如此专注于一件事情。

达尔文直到去世之前都在研究花的授粉问题。在兰花专著问世差不多15年之后，他又出版了一本更为通俗的作品，名为《异花受精与自花受精在植物界中的效果》（*The Effects of Cross and Self Fertilisation in the Vegetable Kingdom*）。

但是植物同样需要生存壮大，在世间寻觅（或者创造）一个生态位。与他关注植物赖以生存的手段和适应性一样，达尔文同样关注它们迥异于我们、有时候甚至令人瞠目结舌的生存方式，包括类似动物的感觉器官和运动能力。

1860年暑假期间，达尔文初次邂逅食虫植物，从此一往情深，开启了一系列研究。他在长达15年的时间里不断收集资料，最终结集出版了《食虫植物》（*Insectivorous Plants*）。和他的大多数作品一样，这本著作也有着轻松宜人的风格和开场：

> 我惊讶地发现，在苏塞克斯的一片荒地上，居然有那么多昆虫被随处可见的圆叶茅膏菜（*Drosera rotundifolia*）的叶片捕获……有一棵植株上的全部 6 片叶片均有所斩获……许多植物造成了昆虫死亡……但据我们所知，植物并没有得到任何好处；但是事实很快明朗，茅膏菜属（*Drosera*）正是完美地适应了捕获昆虫这一特殊目的。

达尔文一直惦记着适应问题，看到茅膏菜的第一眼，他就知道这是一种全新的适应形式，因为茅膏菜属植物的叶片不仅具有黏稠的表面，还覆盖着精巧的丝状物（达尔文称之为"触毛"），顶端长有腺体。他寻思道：这些结构为了何种目的而存在？

他观察到：

> 若有一个小小的有机物或无机物被放在叶片中

央的腺体上，它们会把一个运动刺激传递给边缘的触毛……最近的那些最先受到影响，然后慢慢地向中央弯腰，直到最后全部的触毛都蜷曲着贴近那个物体。

但是，如果那个物体没有营养价值，它们就会迅速松开。

达尔文继续他的论证。他在几片叶子上滴了几滴蛋白，在另外几片叶子上差不多等量地滴了几滴无机物。无机物很快就被放开，蛋白却被扣留下来，并进一步刺激植株分泌能够迅速消化和吸收蛋白的酶和酸。昆虫的遭遇也是如此，尤其是活物。没有嘴，没有胃，也没有神经，茅膏菜有效地捕获了它的猎物，并利用特殊的消化酶消化吸收。

达尔文不仅研究茅膏菜的运作方式，还研究它为何会采取这样一种不同寻常的生存方式：他观察到，这种植物在沼泽和酸性土壤里生长，那里相对缺乏有机物和可供吸收的营养。很少有植物能够在这样的环境里存活，但是茅膏菜发现了占据这个生态位的生存之道：直接从昆虫身上而不是从土壤里吸收营养。无论是行动力如动物般高度协调的触毛——可以像海葵的触手那样包裹猎物，还是动物般的消化能力，茅膏菜的方方面面都令达尔文赞叹不已，他在给阿萨·格雷的信中写道："您对我挚爱的茅膏菜有失公允；如此绝妙的植物，或者不如说是最睿智的动物。我对茅膏菜的爱至死不渝。"

更叫他着迷的是，如果在半片叶子上划道小口子，这半边叶片就会瘫软，好像神经被切断了似的。他写道，这样一片叶片，外表看起来像"一个脊骨折断、下肢瘫痪的人"。后来达尔文收到了捕蝇草（也是茅膏菜科）的标本，一旦碰到它那触发器般的茸毛，叶片就会闭合起来，将昆虫锁入囊中。捕蝇草的反应之迅速，令达尔文不禁好奇，这里头是否牵扯到电流，类似于某种神经冲动？他和同事约翰·伯登-桑德森（John Burdon-Sanderson，也是一名生理学家）讨论此事，当桑德森证明叶片的确能释放出电流，同时能刺激它们合拢时，达尔文十分欣喜。"一旦叶片受到刺激，"达尔文在《食虫植物》中细述道，"电流就会受到干扰，这和动物肌肉的收缩原理相同。"

植物通常被认为无知无觉、固定不动，但是食虫植物为此提供了精彩的反驳，现在，急于检验植物运动其他方面的达尔文将研究的矛头转向了攀缘植物。[他在这个方向上的最高成果是《攀缘植物的运动和习性》（*On the Movements and Habits of Climbing Plants*）。]攀缘是一种有效的适应形式，允许植物摆脱僵硬的支撑组织，利用其他结构来支撑自己，并助其不断攀升。不仅如此，攀缘方式也不止一种，有茎缠绕植物、叶攀缘植物，还有利用卷须攀爬的植物。卷须构造尤其令达尔文大为着迷——达尔文觉得它们仿佛有"眼睛"，可以"探查"周边的环境以寻求合适的支撑。他在给 J. D. 胡克的信中写道："尊敬的先生，我相信这些卷须看得见周围。"这种复杂的适应形式究竟是如何形成的？

达尔文视茎缠绕植物为其他攀缘植物的祖先，他认为有卷须的植物是从这些植物演变来的，而叶攀缘植物是从卷须植物演变而来的，每一次演化开启了更多可能的生态位——这是有机体在它的环境中担当的角色。因此，攀缘植物随着时间不断演化——它们的产生并非一朝一夕之功，也不是出于神圣的旨意。但是缠绕本身又是如何产生的呢？达尔文在他检验过的所有植物的茎干、叶片和根须里都观察到了一种缠绕运动，这种缠绕运动［他称之为回旋转头运动（circumnutation）］在最早一批演化出来的植物身上也能观察到：苏铁类、蕨类，还有海藻。植物趋光生长时，它们不仅笔直向上，它们扭，它们钻，奋力奔向光。达尔文渐渐觉得，回旋转头运动是植物的普遍取向，也是其他所有植物缠绕运动方式的前身。这些思考，连同几十个漂亮的实验，都完整地呈现在他1880年出版的最后一本植物学著作《植物的运动力》(The Power of Movement in Plants) 中。书中呈现了各种迷人、富有创意的实验，其中包括栽种燕麦胚芽鞘。他从不同角度照射光，最终发现胚芽鞘总是朝着光的方向弯曲或扭转，哪怕那些光微弱到肉眼无法识别。胚芽鞘的顶端是否有一个感光区域（他对卷须顶端也有过类似的想象），有某种类似"眼睛"的东西？他制作了小帽子，用印度墨水涂黑覆盖其上，然后发现它们不再对光做出反应。他总结道：事实很明显了，光照射到胚芽鞘尖端之后，会刺激尖端释放某种类似信使的东西，信使物质抵达幼苗的"运动中枢"之后，就会使它朝光源的方向扭转。类似地，达尔文发现，幼苗的初生根（又名胚根，负责与各种障碍物协商沟通）对接触、重力、压力、湿度、化学成分等极为敏感。他写道：

就功能而言，植物中没有比胚根的尖端更神奇的结构了……可以毫不夸张地说，胚根的尖端……就像低等动物的大脑那样运作……从感觉器官那里接收印象，然后指挥若干运动。

但是，正如詹妮特·布朗（Janet Browne）在其撰写的达尔文传记里所说的，《植物的运动力》"出人意料地成了一部有争议的作品"。达尔文的回旋转头运动观点饱受批评。他一向承认这是一次思想的飞跃，但是德国植物学家朱利叶斯·萨克斯（Julius Sachs）发表了极其伤人的批评，用布朗的话来说，朱利叶斯"嘲笑达尔文居然认为根茎的尖端可以和简单有机体的大脑相提并论，他宣称，达尔文家庭作坊式的实验技术是可笑的瑕疵品"。

不管达尔文的技术多么家制，他的观察十分精准。他的化学信使概念（从幼苗的感应尖端一路向下传递，最后抵达它的"中枢"组织）为15年后生长素等植物激素的发现铺平了通路，它们在植物中扮演了诸多神经系统在动物身上扮演的角色。

达尔文从加拉帕戈斯群岛回来后染上了某种不明疾

病，40 年来缠绵难愈。有时候一整天都在呕吐中度过，或者龟缩在沙发上。但是他的知性创造力丝毫不曾衰减。在《物种起源》之后，他写了 10 本书，其中许多经过了大刀阔斧的改写——更不用提那些成打的论文和不计其数的信件了。他终其一生孜孜以求。1877 年，经过大幅扩充和改写，他出版了兰花专著的第二版（第一版出版于 15 年前）。我的朋友艾瑞克·科恩（Eric Korn）是一个古文物研究者和达尔文专家，他告诉我他曾经拥有该版，里头还夹着一张 1882 年的发票存根：2 先令 9 便士，用于邮购一种新型兰花的样本，上面有达尔文本人的签名。达尔文死于同年 4 月，但在他生命的最后几个星期里，他依然热恋着兰花，仍在收集它们用于实验。

对达尔文来说，自然之美不仅限于审美意义；它总是会反映出有效的功能和适应。兰花不只是装饰品，不只用来展示在花园中或者编到花束上，它们是自然无比精巧的"发明"，是自然的想象力和自然选择作用其上的典范。花不需要造物主，但是完全可以作为偶然和自然选择的产物来理解，它们经过几百年时间累积了一系列微小递增的变化。对达尔文来说，这就是花的意义，是一切适应过程的意义，植物的、动物的，同时也是自然选择的意义。

我们总感觉，达尔文似乎比任何人更有意把"意义"驱逐出世界，这里的意义是指任何总体层面的神性意义或目标。达尔文的世界里没有设计，没有计划，没有蓝图；自然选择没有方向或目的，也没有努力达到的目标。我们经常听说，达尔文主义的出现标志着目的论思维的终结。然而，达尔文的儿子弗朗西斯写道：

> 父亲对自然志研究最重要的贡献，就是复兴了目的论。演化论学者以丝毫不输于老牌目的论者的热情研究有机体的目的或意义，但是现在他们的目标更宽泛，也更有连贯性。令他备受鼓舞的是，他知道自己得到的不是关于当下体系的孤立观念，而是过去和当下的连贯体。即便他不能发现所有局部构造的用途，他也可以基于对这个构造的了解，揭开物种发展史上经历的盛衰变迁。由此，有机体形态研究被注入了原来没有的活力以及统一性。

而这一点，弗朗西斯认为，"不仅归功于《物种起源》的发表，达尔文的植物学研究造成的影响也绝不小"。

通过询问为什么、有何意义（不是任何终极层面的意义，而是中间层面的用途或目标），达尔文在他的植物学工作里发现了证明演化和自然选择的最有力证据。以这种方式，他将植物学本身从纯粹的描述性学科转化为一门演化论科学。植物学实际上是第一门演化论科学，达尔文的植物学工作为其他所有演化论科学铺平了道路——它也将我们引向一种洞见，用狄奥多西·杜布赞斯基（Theodosius Dobzhansky）的话来说就是，"离开演化，生物学的一切都将毫无意义"。

达尔文称《物种起源》是"一篇漫长的论证"。与此相对，他的植物学著作更偏私人，也更抒情，形式上不那么有系统性，通过实证而非论证来确保自身的效力。根据弗朗西斯·达尔文的说法，阿萨·格雷观察到，如果兰花专著"先于《物种起源》出版，作者将被自然目的论者奉为圭臬，而不是开除教籍"。

莱纳斯·鲍林[1]说他读《物种起源》时还不到 9 岁。

1　莱纳斯·鲍林（Linus Pauling，1901—1994），美国化学家，量子化学和结构生物学的先驱者之一，1954 年因化学键方面的研究工作获得诺贝尔化学奖。

我不像他那么早慧，不可能在那个年纪就理解这样一篇"漫长的论证"。但是我在自家的花园里，在这个夏天开满鲜花、蜜蜂在花丛间嗡嗡飞舞的天地里，摸索出了达尔文展望的世界。是我那拥有植物学天赋的母亲为我解释蜜蜂在做什么，它们的脚被花粉染黄，还有它们如何和花朵相互依存。

花园里的大部分花有着丰富的气味和颜色，我们还有两株北美木兰，开出巨大但苍白无味的花朵。木兰开花的时候，花朵上会爬满小甲虫和其他小虫子。我母亲解释说，木兰是最古老的开花植物之一，出现于将近1亿年前，那时候像蜜蜂这样的"现代"昆虫还没有演化出来，所以它们只能依赖更古老的昆虫。蜜蜂和蝴蝶，有颜色和气味的花，都并非定好要登场的角色——也有可能永远不会。它们将经过一个个无穷微小的阶段，在几百万年的时间里共同演化出来。一个没有蜜蜂、蝴蝶，没有气味、颜色的世界，这个想法令我心生畏怯。

这样宏大的时间观念令人沉醉——微小的、没有方向的变化不断累积可以创造出新的世界，一个无穷丰富、无穷多样的世界。演化理论为我们许多人提供了一种深层的意义感和满足感，我们对神圣计划的信念从未达到如此高度。世界将自己呈现为一个透明的平面，我们可以透过它看到生命的整个历史。一切都可能是另一个样子，恐龙依然在地表漫游，或者人类压根没有演化出来，这些可能性令人头晕目眩。它们令生命变得更可贵，成了一场伟大的、正在进行的冒险（斯蒂芬·J. 古尔德所说的"一场壮阔的意外"）——这一切都不是固定不变或预先决定好的，而是从来就对周围环境的变化极度敏感，极度容易受新的经验影响。

这个行星上的生物已经存在了几十亿年，我们的构造、行为、直觉还有基因，直观地从表象上"体现"着这一历史纵深。例如，人类保留了从我们的鱼类祖先那里继承来的鳃弓残留物，甚至还有一度用来控制鳃运动的神经系统。正如达尔文在《人类的由来》里所写的："人类的身体内依然保留着难以磨灭、昭示出我们低等出身的印记。"甚至还有比这些更古老的印记，我们由细胞构成，而细胞的形成可以追溯到生命最初的时刻。

1837 年，达尔文在第一本题为"物种问题"的笔记本（这样的笔记本他有整整一打）中速写了一幅生命之树插图。它的分枝形态如此原型，又如此浑然有力，反映出演化与灭绝的平衡。达尔文素来强调生命的连续性：所有生物如何来自一个共同祖先，每个人又如何因此相互关联。所以人类不仅与猿猴和其他动物有关联，与植物也有联系。（我们现在知道，植物和动物共享了 70% 的 DNA。）然而，恰恰因为另一个巨大的自然选择引擎——变异，每个物种都是独特的，每个个体也是独特的。

生命之树使我们一瞥远古的时代，目睹所有生物体的亲缘关系，还有在每个节点上如何"兼变传衍"（达尔文最初称之为演化）。它也展示了演化从未停止，从未重复自身，从不走回头路。它展示了灭绝的不可撤销性——如果一个分支被切断，那段特定的演化路径就永远地失落了。

知道自己生物学意义上的独一无二，知道自己的远古传承，知道我和其他所有生命形式的亲缘关系，这令我满怀欣喜。这种体认让我扎根，让我感觉自然世界是我的家园，让我怀有一份生物学上的意义感，无关我在文化世界、人类世界里扮演何种角色。尽管动物的生活比植物的复杂得多，人类的生活又比动物的复杂得多，我还是将这种生物学的意义感回溯到达尔文顿悟花的意义，回溯到我在伦敦的花园里自行摸索的原理。自花园之后，已过去将近一生的时间。

速　度

孩提时代，我曾为速度痴迷不已，为身边五花八门的速度着迷。人们以不同的速度移动，动物更是如此。昆虫挥翅快到令人难以察觉，但我们仍然可以从不同的音调中推测翅膀振动的频率：令人恨得牙痒的噪声，那是蚊子发出的高音 E；低沉的嗡鸣，来自每年夏天围着一丈红飞舞的熊蜂。我们的宠物龟得花一整天时间才能从草坪一头爬到另一头，看上去就像生活在另一个时间框架里。但是，植物是怎样移动的？早晨，我会到花园去，看一丈红又长高了一点，棚架上的玫瑰又缠紧了一点，然而，无论我怎样耐心，我从没在它们动的时候逮个正着。

类似这样的经验推动我培养出摄影的爱好。摄影让我能够改变移动的速率，有时加速，有时减速，一旦调整到人眼可感知的范围，我就能看到移动的细节，要不然就干脆调到超越目力极限的挡位。对显微镜和望远镜的热爱（我的医学院学生兼观鸟爱好者的哥哥们在家里放了这些设备）让我开始思考将减速或加速运动等看作某种时间的等价物：减速运动是时间的放大，时间的显微法；加速运动则是"缩绘"（foreshorten）[1]，时间的望远术。

我以拍摄植物为实验。蕨类对我尤其具有多重吸引力，特别是它们紧紧缠绕的卷头或卷牙，因内裹的时长而绷紧，像钟表的弹簧，里面卷裹着整个未来。我会把照相机支在三脚架上，以一小时为间隔拍摄卷牙；我冲洗底片，打印出来，把其中一打左右装订成动画小册。然后，就像施了魔法一样，我可以看见卷牙像派对上吹的纸喇叭那样展开，整个过程只需要一两秒，在现实世界里这可要花上一两天的时间。

1　在绘画中按远近比例缩小（物体），以产生凸起或突出的错觉。

减速不像加速那么容易，所幸我有一个摄影师表亲，他有一台每秒 100 帧的电影摄影机（cine cameras）。全靠这台机器，我才能捕捉到熊蜂在一丈红花丛间穿梭工作的情形；减速之后，我就可以从原本晕化了的拍翅动作中把每一组扬起落下的运动清晰地捕捉出来。

速度、运动和时间以及如何使它们看上去更快或更慢，对这些现象的兴趣，使我从 H. G. 威尔斯的两个故事中获得了额外的乐趣：《时间机器》和《新型加速剂》[1] 里都有对异变时间状态生动鲜活的影像化描述。

威尔斯的旅行者娓娓道来：

> 当我加速前进时，昼夜更迭，疾如黑翼拍翅，我看见太阳从天空飞快掠过，每分钟掠过一次，每分钟标志着新的一天……就连行动最迟缓的蜗牛也在我眼前一窜而过……我继续前进，还在不断加速，眼下昼夜的悸动融为一片绵延不断的灰色……

1　H. G. 威尔斯（H. G. Wells，1866—1946），英国著名作家，他创作的科幻小说影响深远，曾被称为"科幻小说界的莎士比亚"。正文提到的两部作品原名分别是"The Time Machine"和"The New Accelerator"。

太阳喷薄而出，化为天空的一道火痕……月亮则是一条影影绰绰、起伏不定的飘带……我看见树木生长变化如烟雾吞吐……高楼大厦拔地而起，若隐若现，又如梦幻般消失。整个地表似乎都变得面目全非……在我眼前融化流淌。

《新型加速剂》里发生了与此相反的过程。故事讲述了一种可以将知觉、思考、新陈代谢加快数千倍的药物。它的发明者和叙事者一起服下药物后，游荡到一个冰封的世界，眼前出现了——

像我们又不像我们的人，凝固在漠然的表情里，手上的动作进行到一半……而那个从空中滑下、翅膀缓慢拍动、速度和慵懒到极点的蜗牛一样慢的，原来是只蜜蜂。

《时间机器》出版于1895年，当时人们对照相和电影摄影术的力量表现出浓厚的兴趣，因为它们可以揭示出肉眼无法企及的细节。法国生理学家艾蒂安-朱尔·马雷（Étienne-Jules Marey）在人类历史上首次展示了飞驰的骏马在某一时刻四蹄腾空的画面。正如历史学家玛尔塔·布劳恩（Marta Braun）所说，埃德沃德·迈布里奇（Eadweard Muybridge）著名的运动摄影研究很大程度上是受到了马雷的激发。马雷反过来又受到迈布里奇的激励，继续开发出高速摄影机。这种摄影机一方面可以减缓甚至几乎捕捉到鸟类和昆虫飞行时的动态细节，另一方面也可以利用延时拍摄来加速海胆、海星和其他海洋生物几乎无法察觉的运动。

我有时会想，动物和植物的速度是不是和从前很不一样：它们受到的制约有多少来自内部，又有多少来自外部——地球的引力，接收自太阳的能量，大气中的氧含量，等等。我还痴迷于威尔斯的另一个故事，《最先登上月球的人》（*The First Men in the Moon*），它用优美的语言描述了在重力只有地球重力几分之一的天体上，植物的生长如何被剧烈加速。

> 信心十足且稳健，心念灵动而周详，这些神奇的种子把幼根扎进土壤，将古怪的、小小的包裹状花蕾刺向天空……包裹状花蕾膨胀、收缩，又猛一下打开，吐出一个王冠似的尖尖角……迅速地长

长，以肉眼都能看到的速度变长。比我见过的任何动物都要缓慢，比我见过的任何植物都要迅捷。我该如何向你形容——它的生长方式？你是否试过在寒冷的日子把温度计握进温暖的掌心，看着细小的水银线偷偷地爬升？这些月亮上的植物就是这样生长的。

和《时间机器》《新型加速剂》里的描述一样，此处的文字极具画面感，令人无法抗拒，也让我忍不住猜测年轻的威尔斯是不是见过植物的定格摄影照片，甚至像我那样亲自做过实验。

几年后，在牛津上学时，我读了威廉·詹姆斯（William James）的《心理学原理》（*The Principles of Psychology*），在一个名为"时间感知"的章节里我发现了这样的描述：

我们完全有理由认为，各种生物本能体验到的时间长度，以及其中体验到的事件的精细程度，可能存在巨大差异。冯·贝尔（von Baer）[1]曾经沉迷于演算这些差异在改变自然上可能引发的效果，这很有意思。假设我们能够在1秒钟之内分别注意到10 000个事件，而不是像现在这样只有区区10个；如果我们注定由此拥有同样数量的印象，那我们的生命可能要缩短为现在的1/1 000。我们活不到1个月，注定品尝不到四季更迭的滋味。如果在冬天出生，我们对夏天抱有的信念就会像我们现在对石炭纪的炎热抱有的信念一样。有机物的移动将变得如此缓慢，以至于只可推断而无法观察。太阳将一直高挂天空，月亮几乎毫无变化，如此等等。但是，现在把假设倒过来，假定一个人的感知减少到1/1 000，生命也就因此延长了1 000倍。冬天和夏天对他来说只有几十分钟。菌类以及快速生长的植物横空出世，又倏忽逝如露水；一年生灌木拔地而起又颓然倾倒，像不断沸腾的温泉；肉眼看不见动

1　即卡尔·恩斯特·冯·贝尔（Karl Ernst von Baer, 1792—1876），波罗的海德意志人，科学家、探险家，也是生物学家、地质学家，联合创立了俄国地理学会（即现在的俄罗斯地理学会）。

物的运动，就像看不见子弹和大炮的运动一样；太阳像流星般横扫天空，拖着火热的尾迹，等等。这些想象的状况（除非有超人的长寿）或许可以在动物王国的某处实现，否认这一点未免过于轻率。

该书出版于 1890 年，那会儿威尔斯还是一名年轻的生物学家（也撰写生物学文章）。我不确定他有没有读过詹姆斯，或者读过冯·贝尔从 19 世纪 60 年代开始进行的富有创意的演算。事实上，我们可以说，所有这些描述中都隐含着某种摄影模式，在既定时间内记录的事件数量的增多或减少，恰好对应于高速摄影机以高于或低于通常每秒 24 帧的速度拍摄的结果。

~ ~ ~

经常听到有人说，随着年龄的增长，时间会过得越来越快，一年又一年飞快地过去，这要么是因为年轻时的生活充满了新奇的、令人兴奋的印象，要么是因为年龄的增长意味着每一年在你生命中所占的比例越来越小。然而，一年可以说过得越来越快，一小时、一分钟却没有这样变化，它们始终如一。

至少对（年逾古稀的）我来说是这样，尽管实验表明，年轻人可以在心里准确地估算出3分钟的时长，老年人计算起来明显更慢一些。因此后者感知到的3分钟实际接近3分半钟或4分钟，但是目前我们还不清楚导致这个现象的原因是不是随着年龄增长，我们对时间流逝的实存性感受或心理感知也会加快。

当我无聊的时候，一小时和一分钟显得无比漫长，而当我投入一件事时，同样的时间又显得太短。孩提时代，我痛恨学校，不得不听老师絮絮叨叨。每当我趁人不注意偷偷看手表，开始为即将迎来的自由倒计时，手表上的时针甚至分针看起来又像是永远走不到头。此时，我经历的是一种被过分放大的时间意识；事实上，一个人无聊的时候，除了时间之外，他意识不到任何事情。

与之相反的情况，是我在自己一砖一瓦搭建起来的小小家庭化学实验室里愉快地实验、思考的时候，通常是在周末，我或许会一整天快乐地忙活，完全沉浸其中。那时我完全感觉不到时间，直到开始看不清手上的工作，才突然意识到夜幕降临了。数年后，我看到汉娜·阿伦特（Hannah Arendt）在《精神生活》（*The Life of the Mind*）中写的，"无时间的国度，绝对静止的永恒当下，彻底外在于人类的时钟和日历……在人饱受时间倾轧和袭扰的存有中……这个小小的位于时间核心的非时间空间"，我想我完全理解她在说什么。

~ ~ ~

人突然受到致命威胁时，对时间的感知会被激发出变化。关于这一现象，自来有不少奇闻逸事，但第一个对此进行系统性研究的是瑞士地质学家阿尔贝特·海姆（Albert Heim）。1892 年，他调查了 30 个被试的心理状态，这些人是阿尔卑斯山雪崩的幸存者。"心理活动量变大，变化速度增加了百倍有余，"海姆注意到，"时间被极度延展了……在许多案例中，被试会突然回顾自己的一生。"在这种情况下，他继续写道，一般"不会感到焦虑"，而是"全然接受"。

将近一个世纪后，艾奥瓦大学的拉塞尔·诺伊斯（Russell Noyes）和罗伊·克勒蒂（Roy Kletti）翻译了海姆的研究，进一步收集了超过 200 份体验报告。和海姆的被试一样，大多数人描述道，在他们以为的生命的最后时刻，思维速度加快，明显感到时间变慢了。

一名赛车手说过——在一场车祸中，他被抛到 9 米高的空中："仿佛这事儿没完没了。所有东西都移动得很慢，我就像舞台上的演员，可以看见自己一遍又一遍地摔倒……就好像我坐在看台上，目睹了这一切……但是我并不害怕。"另一名车手曾经超高速开抵山顶，然后发现自己离一列火车只有 30 米远，当时他坚信自己会被撞死，那时他观察到："火车开过的时候，我看见了司机的脸。就像一部慢速放映的电影，画面一冲一冲地展开。我看他的脸时就是这种感觉。"

在这些濒死体验中，一些包含了明显的无助和消极，甚至解离（dissociation），另一些则伴随着强烈的临场感和真实感，还有思维、感知和反应的剧烈加速，这使他们成功从死亡线上逃脱。诺伊斯和克勒蒂描述了一名飞行员的回忆，他因飞离母舰后没有以正确的方式着陆而面临死亡："大约在 3 秒之内，我鲜明地回忆起成功恢复飞行角度所需的一百样行动。只消抬抬手就能执行必要的流程。我几乎有过目不忘之能，感觉一切尽在掌握。"

据诺伊斯和克勒蒂说，许多被试"感觉自己完成了平时不可能完成的壮举，不仅是心理上的，也是生理上的"。

在某种程度上，这和专业运动员的情况有点相似，尤其是那些要求快速反应的竞技项目。

棒球的速度可以接近每小时 160 千米，然而，正如许多人描述的那样，它在空中看起来近乎静止，球身上的缝线异常醒目，击球手发现自己置身于一个突然开阔的时间界面里，他在其中有足够的时间击中飞来的球。

在自行车竞速比赛中，车手以将近每小时 60 千米的速度移动，彼此间的差距微乎其微。对旁观者来说，这种状况凶险至极，事实上，车手之间可能仅有毫秒之差。只需极小的差错就可能导致连环撞车。但是对车手自己来说，一切都在以相对缓慢的速度移动，时间和空间都很充裕，足够临场发挥，也足够做出精密操作。

武术大师的发招之快令没有受过训练的素人目不暇接，表演者自己心里却有如芭蕾舞般从容优雅，被教练和训练师称为"放松的集中"。这种加速和放慢的交替经常被《黑客帝国》这样的电影用来打造感知切换的效果。

无论多么天赋异禀，运动员要想习得一门技能就必须投入长年累月的练习和训练。首先，一种高度意识化的付出和专注是掌握精细技术和微妙时间点的必要条件。但一旦到达某个层次之后，基本能力及其神经表达就已经根深蒂固地融入神经系统之中，以至于不再需要任何有意识的投入或决定就能做出行动。大脑有一个层面的活动或许是自动工作，但另一个层面，也就是意识层面会塑造出一种时间感知，这种感知具有弹性，可以压缩或延展。

　　20 世纪 60 年代，神经生理学家本杰明·里贝特（Benjamin Libet）研究了简单运动决策是如何产生的。他经过检测发现，大脑在个体意识到一个行为发生的数百毫秒之前，就已发出指令信号。一名冠军短跑选手可能在意识到发令枪响之前就已经跑出四五米了。他可以在 130 毫秒之内离开起跑器，而意识到枪响需要 400 毫秒或者更久。跑者相信自己明确听到了枪声，然后才弹出起跑器，但里贝特可能会提醒你，这只是幻觉使然，因为大脑将枪声提前了将近半秒的时间。

　　类似这样对时间的重组——例如显在的时间压缩和延展——引出了一个问题，即通常情况下我们是如何感知时间的。据威廉·詹姆斯推断，我们对时间的判断和知觉取决于我们在单元时间内感知到的事件的总量。

许多迹象表明，有意识的感知不是连续的，而是由一个个具体的时刻组成的，就像电影的每帧画面那样，然后再剪接成一种连续的表象。然而，在例如网球的回球或击打棒球这样的自动化行为里，类似的时间切分似乎并没有发生。神经科学家克里斯托夫·科赫（Christof Koch）区分了"行为"（behavior）和"体验"（experience），提出"行为可以是流畅展开的，而体验或许由分隔的段落构成，如同电影那样"。这种意识模式使一种詹姆斯式的机制成为可能，通过这种机制，时间感知可以加快或减缓。科赫推断，紧急突发事件和运动表现（至少当运动员"进入状态"时）中明显的时间减缓，可能是因为高度集中的注意力能减少单帧的持续时间。

~ ~ ~

对威廉·詹姆斯来说，偏离"正常"时间的最惊人体验，是某些药物带来的。他亲自尝试过一氧化二氮（笑气）、佩奥特碱¹等好几种；在关于时间感知的章节里，前一刻他还在沉思冯·贝尔，转头就提到了哈希什："在'大麻醉'中，显在的时间感知会很奇特地有所增加。我们结束一句话时，它的开头仿佛已远在远古的过去。我们走进一条小巷，却总也走不到尽头。"

詹姆斯的观察几乎完全应和了雅克-约瑟夫·莫罗（Jacques-Joseph Moreau）50年前提出的观点。生理学家莫罗是19世纪40年代巴黎哈希什风潮的引领者之一——事实上，他本人就是"哈希什俱乐部"的一员，其成员还有戈蒂埃²、波德莱尔、巴尔扎克与其他饱学之士和艺术家。莫罗写道：

> 某天晚上，走在巴黎歌剧院铺地毯的走道上，我无比惊讶地发现走到另一头要花如此长的时间。我至多迈了几步，但看起来像是过了两三小时……我加快步伐，但是时间并没有因此加快脚步……在

---

1 从佩奥特仙人掌中提取的致幻剂，后文提到的"哈希什"是一种印度大麻。
2 此处应指泰奥菲勒·戈蒂埃（Théophile Gautier, 1811—1872），法国19世纪重要的诗人、小说家、戏剧家和文艺批评家。

我看来……走道仿佛没有尽头，出口不断往后退，和我向它趋近的速度相当。

　　说几个字、走几步路的时间久到有违常理，这种感觉经常伴随着世界极其缓慢甚至停滞的感觉。路易斯·J. 韦斯特（Louis J. West）在 1970 年出版的《拟精神病药物》[*Psychotomimetic Drugs*，丹尼尔·埃夫隆（Daniel Efron）主编]中引述了这样一则逸事：有一个故事讲两个嬉皮士坐在金门公园里。两人都嗑嗨了。一架喷气式飞机越来越近，最后越过头顶飞走了；这时，其中一个嬉皮士转头对另一个人说："伙计，我以为它永远不走了！"

　　然而，虽然外部世界看起来变慢了，意象和思维的内部世界却可能狂飙猛进。你或许会展开一段细大无遗的神游之旅，造访不同的国家和文化，撰写一本书或一部交响曲，过完一辈子或一整个历史纪元，最后发现时间才流逝了几分钟，甚至几秒钟。戈蒂埃如此描述自己的哈希什出神状态："感知纷至沓来，如此之多，如此匆忙，让我不可能真切地把握时间。"在他主观看来，这个着魔的状态持续了"三百年"，但在醒觉

（awakening）状态时发现，只持续了不到 1/4 小时。

"醒觉"在这里不只是一种说法，因为这样的"旅程"显然可以和梦境或濒死体验放在一起比较。有时候，我感觉自己一辈子都活在两个闹钟时间之间，早上5 点的第一次闹钟，以及 5 分钟之后的第二次闹钟。

睡得很沉的状态下，身体有时会突然发生非自愿的、剧烈的抽动（肌抽跃）。尽管这类抽动是由脑干的原始部分产生的（所谓的脑干反射），没有任何内在的意义或动机，它们有可能被一个临场发挥的梦境赋予了意义和上下文，转化成了行动。因此，这类抽动可能和梦中的踏空悬崖、为了抓住球而向前猛冲等有关。这类梦可能极其鲜活，并且有多个"场景"。主观上，它们看似发生在抽动以前，然而很有可能整套梦的机制都是由对抽动的第一次前意识感知所激发的。所有这些复杂的时间重组都在 1 秒或者不到 1 秒的时间内完成。

此外还有一种癫痫发作时的抽搐（有时称之为经验性抽搐），一段过去的鲜活回忆或幻想突然占据了病人的意识，并且不急不缓地持续一段时间，主观上相对漫长，但客观上只有几秒钟。这些抽搐和大脑额叶的痉挛活动有关，可以用电流刺激额叶表面的某些触点而在某些病人身上诱发出来。有时候这类癫痫体验充满了隐喻意义，伴随着主观时间感知的延长。陀思妥耶夫斯基对此有过如下描写：

> 在某些时刻，其实也就几秒的时间，你会感觉到一种永恒和谐……可怕的是它展现自己时那种吓人的清晰，以及那种胀破胸腔的狂喜……在这些5秒钟内，我经历了全部人类的一生，我愿意为此付出生命而丝毫不觉太多。

在这样一些时刻，几乎感觉不到内部的速度，然而在另一些时刻——尤其是服用麦司卡林[1]或LSD[2]之后，你可能感觉自己以不可控制的超光速在思维的宇宙里驰骋。在《心灵的主要困厄》（*The Major Ordeals of the Mind*）中，法国诗人兼画家亨利·米肖（Henri Michaux）写道："从麦司卡林状态回到现实的人，总会

1　从某种仙人掌中提取的致幻剂。
2　麦角酸二乙胺，有致幻作用。在中国属于受到严格管制的第一类精神药品。

提到感觉时间比正常速度加快了100倍、200倍，甚至500倍。"对此，他的评论是，这可能是一种幻觉，但即便加速的幅度相对平缓——"甚至只比正常快6倍"，增量依然会带来压倒性的体验。米肖认为，个体实际体验到的东西与其说是具体细节的大量累加，不如说是一系列总体印象，或富有戏剧性的亮点，一如梦中那样。

但是话说回来，如果思维的速度可以显著提高，那么这种加速应该很容易体现在大脑的生理记录上（如果能通过实验方法加以检测的话），或许也可以说明神经层面上可能存在的限制。不过，我们需要记录的是适当层级上的细胞活动，不是在个体神经细胞的层级，而是在更高的层级，也就是大脑皮层上的神经元集群以及集群与集群之间互动的层级，这些数以万计甚至数以十万计的神经元集群形成了意识活动中的神经关联。

通常，这类神经交互的速度由精巧平衡后的兴奋与抑制来调节，但是在某些情况下，抑制力量可能会有所松懈。梦可以插上翅膀，自由轻捷，这恰恰是因为大脑皮层的活动不受外部感知或现实的约束。或许，类似的推论也适用于解释麦司卡林或哈希什引发的迷狂状态。

其他药物（例如阿片类药物和巴比妥类药物[1]等镇静剂）可能引发相反的效果。它们会对思维和运动产生某种浑浊浓厚的抑制作用，个体因此进入一种空白状态，以为只过了几分钟，实则已经过去了一天。这种效果类似于"延迟剂"，一种在威尔斯的想象中与"加速剂"相反的东西：

> "延迟剂"……可以使病人把几秒钟的时间过成好几个小时，以此维持一种漠然的无所作为，如冰川一般缺乏活性，而周围的环境是那样骚动不宁、令人烦扰。

~~~

严重、顽固的速度知觉失调可能持续几年甚至几十年，我第一次遇见这种状况是 1966 年，当时我在布朗克斯收容慢性病患者的贝斯·亚伯拉罕康复与护理中心

1　巴比妥类药物有镇静、催眠、反间歇性痉挛的作用。

工作。在那里，我遇到了后来在《苏醒》（*Awakenings*）中出场的病人。几十个这样的病人挤在大厅和走廊里，每个人都以不同的速度活动——有些迅疾，有些迟缓，有些几乎冻结。看着这幅时间失序的光景，威尔斯的"加速剂"和"延迟剂"突然涌上心头。我了解到，事实上所有这些病人都是在 1917 年至 1928 年间感染了彼时在世界范围内流行的昏睡性脑炎（又称流行性甲型脑炎）后的幸存者。在感染"嗜睡症"的几百万人里，有1/3 死于急性发作期，他们或处于不可能唤醒的深度睡眠状态，或处于药物镇定无效的严重失眠状态。一些幸存者尽管刚开始时出现高速亢奋的反应，但日后会发展成帕金森综合征的极端形式，行动减缓甚至完全冻结，有时候一冻就是几十年。有些病人则会持续高速活动，其中一个名叫艾德的病人，他的情况是身体半边加速，另外半边减速。[1]

1　帕金森综合征（Parkinsonism）相关的词汇从词源上说就和速度有关（-kinet 来自希腊语，意为运动。——译者注）。神经学家有一箩筐术语用于描述相关的症状：运动减缓时，他们会说 bradykinesia（运动徐缓）；停滞的话就是 akinesia（运动不能）；如果过快，那就是 tachykinesia（运动功能亢进）。同样，也可以用 bradyphrenia（心智迟动）或 tachyphrenia（心智过动）来表述思维的减慢或加速。——原注

在普通帕金森综合征患者身上，除了战栗或僵硬之外，还可以观察到中等程度的减速或加速。但是，脑炎后帕金森综合征患者通常由于大脑受到的损害过于严重，加速或减速可以达到大脑和身体在生理与机能上所能承受的极限。在普通帕金森综合征患者身上，维持正常运动和思维不可或缺的神经递质多巴胺急剧减少，低于正常水平的 15%。在脑炎后帕金森综合征患者身上，多巴胺水平可能低到检测不到。

1969 年，我开始对大部分行动冻结的患者使用左旋多巴（L-DOPA）进行治疗，最近这种药物在提高脑内多巴胺水平上的显著疗效得到了广泛认可。一开始，许多病人恢复了正常运动速度和行动自由。然而在那之后，这些人被推向了另一个极端，尤其是那些病情最严重的。其中一个病人，赫斯特·Y，服用左旋多巴 5 天之后，在运动和说话上表现出强烈的加速，我在日记里记叙如下：

如果说她之前像一部慢速电影或是投影仪持续卡在一幅图像上，现在她给人的印象是一部加速电影，以至于我的同事们观看了我拍摄的关于 Y 女士的影片后，坚称投影仪的转速太快了。

　　起初，我以为赫斯特和其他病人可以意识到自己行动、说话的速度不正常，但他们无力控制自己。很快，我发现事实远非如此。这同样不适用于普通帕金森综合征患者的状况，正如英国神经学家威廉姆·古迪（William Gooddy）在《时间与神经系统》（*Time and the Nervous System*）一书开头所写的那样：观察者可能会注意到帕金森综合征患者活动得如何缓慢，但是"患者可能会说'我感觉自己的活动……很正常，除非我一边看着时钟上实际走过的时间。病房墙上的钟看上去像在飞转'"。

　　在此，古迪将"个人"时间对立于"时钟"时间，并指出，在经常伴有极度运动徐缓的脑炎后帕金森综合征患者身上，个人时间和时钟时间之间有着几乎不可逾越的鸿沟。我经常看见我的病人米伦·V坐在我办公室外面的走道里。他看上去纹丝不动，右手通常抬着，有时候悬在膝盖上方两三厘米的地方，有时候贴近脸颊。当我问他这些凝固姿势有什么意义时，他无比愤慨地说："你说的'凝固姿势'是什么意思？我就是在抹鼻子而已。"

　　我怀疑他在和我开玩笑。一天早晨，我花了数小时拍了二十几张照片，然后装订成动画小册，就是用来演示植物卷牙展开的那种。我可以清楚地看到，米伦确实在抹鼻子——只是在以正常速度的 1/1 000 移动。

赫斯特似乎同样意识不到她的个人时间和时钟时间有多大的差距。有次我让我的学生们和她玩球，结果他们完全接不住她那风驰电掣般的投球。赫斯特回球的速度极快，在学生们还保持着刚投完球的姿势时就华丽地击中了他们。"你们很清楚她有多快，"我说，"不要低估她，做好准备。"但学生们不可能做好准备，因为他们的最快反应速度接近 1/7 秒，而赫斯特的几乎在 1/10 秒以内。

只有当米伦和赫斯特处于正常状态时，他们才能判断自己究竟有多快或多慢，有时候必须让他们看录影带或听录音才能说服他们。[1]

1　和时间知觉失调一样，空间知觉失调在帕金森综合征患者中也十分常见。一种几乎可以确诊帕金森综合征的症状是写字过小症（micrographia）——写字时不但字迹很小而且会越来越小。典型状况是，患者当下意识不到这一点；只有恢复到正常空间参照系之后，他们才能判断出自己的字迹比平常小。因此，对某些患者来说，可能存在一种类似于时间压缩的空间压缩。我的一名脑炎后帕金森综合征病患曾经说过："我的空间，我们的空间，和你们的空间完全是两码事。"——原注

时间知觉一旦失调，由此导致的减速似乎没有限度，而其所导致的加速有时候似乎只会被相关的生理极限所制约。如果赫斯特在她的加速状态中试图大声说话或数数，那些词语或数字就会缠作一团。这种生理限制在思维和感知上没那么明显。如果向她展示一幅奈克方块透视图（一种错视图像，隔几秒就会变换透视角度），处于减速状态时，她会看到方块每隔几分钟才变换角度（如果她完全被"冻"住了，那么在她看来可能完全没变化）；但是在加速状态下，她可以看到方块在"频闪"，一秒之内能变换好几次。

图雷特综合征[1]患者也会感到强烈的加速，症状表现为强制性的行为、抽动、非自愿运动以及发出噪声。有些患有图雷特综合征的人可以抓住飞行中的苍蝇。我问一个人他是如何做到这点的，他说没觉得自己特别快，相反，对他来说苍蝇飞得太慢了。

通常状态下，我们伸手去触碰或者捕捉某样东西的速度是1米/秒。当要求他们用最快的速度完成动作时，

---

[1] 一种表现为全身多部位不自主运动及发声的抽动障碍，又名"抽动秽语综合征"。

普通被试可以达到 4.5 米 / 秒。但是当我这样要求患有图雷特综合征的艺术家肖恩·F 时，他可以轻松达到 7 米 / 秒，动作的流畅度或精确度丝毫没有折损。[1] 然而当我要求他保持正常速度时，他的行动变得捉襟见肘，笨拙且不够准确，还一直伴有抽搐。

另一个患有严重图雷特综合征、语速极快的病人告诉我，除了我能看见的抽搐痉挛和听见的发声变化之外，还有一些由于我的"慢速"视觉和听觉而注意不到的症状表现。只有通过录像和逐帧分析，大范围的"微抽搐"才会进入视野。事实上，可能有好几段彼此脱节的微抽搐同时发生，多的时候加起来每秒可能有数十段。令人吃惊的不只是速度，还有这一切的复杂性。我不由得觉得，一段只有 5 秒的录影可以供你写出一整本书或绘制出一整幅抽搐分布图。我认为，这样的分布图可以提供一种大脑-心智的显微学，因为所有抽搐都有特定的决定因素，无论来自外部还是内部，而且每个病人的抽搐组合类型都是独一无二的。

1　我和我的同事在神经科学学会上提交了这些研究成果（请见 Sacks, Fookson, et al., 1993）。——原注

脱口而出型抽搐类似于英国神经学家约翰·休林斯·杰克逊（John Hughlings Jackson）所说的"情绪性"（emotional）话语和"喷射性"（ejaculate）话语〔相对于复杂的、语法繁复的"命题性"（propositional）话语〕。喷射性话语本质上是反应性的、前意识的，也是强迫性的；它避开了大脑皮层、意识和自我的监控，在受到抑制之前就脱口而出。

~ ~ ~

在图雷特综合征和帕金森综合征患者身上，被改变的不只是速度，还有运动和思维的性质。加速在创造和幻想中异常旺盛，从一个联想快速跳到下一个，被自身的冲动裹挟。相反，减速往往伴随着谨慎小心的态度，是一种冷静、批判的立场，它所发挥的"收"的作用不亚于加速流溢时的"放"。这话是生理学家伊凡·瓦格汉（Ivan Vaughan）说的，他患有帕金森综合征，出版过一本名为《伊凡：与帕金森同行》（*Ivan: Living with Parkinson's Disease*）的回忆录。他告诉我，他试图把写作全部放在服用左旋多巴之后，因为那时想象力和精神过程的流动似乎更自由，也更迅速，对每样东西都有丰富的、出乎意料的联想（尽管如果加速过度，他的注意力会受到损害，会从任何方向上切离出去）。但是当左旋多巴的效用过去，他转而编校书稿，这时候最适合为他在思维"打开"的状态下所写的某些过于繁杂的文字做一番修剪。

我的图雷特综合征患者雷伊虽然饱受病症的侵扰折辱，依然尝试以各种方式对其加以利用。他那快速（时而古怪）的联想令他显得特别机敏；他谈到自己"抽出来的机灵"和"机灵的抽搐"，称自己为"抽抽更聪明"雷伊。[1]如果雷伊的快速反应和抽出来的机灵与他的音乐天赋结合起来，他就会成为一个令人生畏的即兴鼓手。他打乒乓球难逢对手，部分是因为他超快的反应速度，部分是因为他攻球时尽管技术上不违规，球路却非常难以预测（甚至对他本人来说也是如此），所以他的对手会困惑不已，无法反击。

严重图雷特综合征患者所处的状态可能最符合

---

[1]　我在《错把妻子当帽子》一书中描写过雷伊的情况。——原注

冯·贝尔和詹姆斯想象的加速存在，而且这些患者有时候会把自己的状态描述为"超负荷"。我的一位患者就说过："就像憋在盖子下面的 500 马力引擎。"事实上，有很多世界顶级运动员患有图雷特综合征，其中包括棒球界的吉姆·艾森赖希（Jim Eisenreich）和麦克·约翰斯顿（Mike Johnston），篮球界的穆罕默德·阿卜杜勒-拉乌夫（Mahmoud Abdul-Rauf），还有足球界的蒂姆·霍华德（Tim Howard）。

但是，如果图雷特综合征患者的速度具有如此高的适应性，都称得上是某种神经天赋了，那么为何自然选择没有在我们中间增加"加速者"的数量？身为相对迟缓、死板的"普通"人又有什么存在的意义呢？过度缓慢的劣势十分明显，但是有必要指出，速度过快也同样会面临重重问题。图雷特综合征或者脑炎后帕金森综合征患者的速度不受控制，是一种被动受到神经驱使的急性发作，会让"不适当的"行为和冲动急不可耐地释出。类似于把手指放在火上或者冲进车流，这些在我们一般人身上受到抑制的行为，有可能在这种状况下释放出来，在意识介入干预之前付诸行动。

不仅如此，在极端情况下，如果意识流动得太快，人或许会迷失自我，注意力涣散乱流，连贯统合的状态崩解，进入一种变幻不定、与梦境十分接近的谵妄状态。患有严重图雷特综合征的病人（比如肖恩），可能会觉得其他人的行动、思考和反应迟缓到难以忍受，而像我们这样有着"普通神经"的人有时会觉得这个世界上的肖恩们快到令人不安。"这些人在我们看来是猴子，"詹姆斯在其他地方写道，"我们在他们眼中是爬行动物。"

在《心理学原理》著名的"意志"一章，詹姆斯谈到他称之为"倒错的"或病态的意志，及其两种相互对立的形式："爆发式意志"和"阻滞式意志"。这两个术语原本在心理学上是用来解释心理取向和性格的，但看起来也完全适用于类似帕金森综合征、图雷特综合征以及畸张症这样的生理障碍。（颇为奇怪的是，詹姆斯从未提到"爆发式意志"和"阻滞式意志"至少在特定情况下并非截然对立，而是具有某种联系。鉴于他一定见过患有我们今天称为躁郁症或双相障碍的病人，这些人每隔数周或数月就会从一个极端摆荡到另一个极端。）

我的一个患帕金森综合征的朋友曾这样描述，进入减速状态就像陷入一缸花生酱；进入加速状态则像站在冰面上，毫无摩擦力，像从极为陡峭的山坡上滑坠，又或像站在一个小小的行星上，零重力，没有任何力量可以让他支撑或停靠。

尽管身陷桎梏、动弹不得的状态看上去和加速爆发仿佛是两个极端，然而病人几乎可以在瞬息之间来回切换。"运动倒错"（kinesia paradoxa）这一术语是20世纪20年代由法国神经科学家引入的，用来描述脑炎后帕金森综合征患者身上这种罕见但值得注意的切换，这些人持续好几年一动不动，突然一下被"释放"，势头惊人，但几分钟之后又回到之前一动不动的状态。赫斯特·Y服用左旋多巴之后，这样的切换达到异乎寻常的频率，经常会在一天中爆发好几十次。

许多严重图雷特综合征患者身上也可能发生类似的逆转，只需极微量的药物就能使他们陷入近乎昏迷的停顿状态。甚至不用药物，图雷特综合征患者身上也倾向于出现纹丝不动以及近似催眠的专注状态，可以认为，这些体现了极度活跃和极易分心的另一面。

畸张症患者身上可能还会出现更戏剧化的切换，从静止不动、昏昏沉沉瞬间转入高度活跃、狂乱不定的状态。[1] 畸张症比较罕见，尤其在如今这样平和的年代，但是这种精神错乱所引发的恐惧和困惑，定然有一部分来自这样突如其来、毫无预警的状态切换。

畸张症、帕金森综合征和图雷特综合征都可视为"双相性"障碍，不亚于躁郁症。所有这些，借用 19 世纪的法文短语来说，都是 *à double forme*——"双面"障碍，无可抑制地从一张面孔翻转为另一张面孔。在此类精神障碍发生时，任何中立状态、任何非双相性的状态、任何"常态"都难有机会出现，以至于我们必须想象一种哑铃形或者沙漏形的疾病"外观"，中立状态就像细长的脖颈或地峡一样连在两端中间。

在神经学中，"损伤"是经常提到的一个词——病变在大脑中敲除了某个生理（也可能是心理）功能。大脑皮层中的病变倾向于造成"单纯的"损伤，比如丧失

---

1 伟大的精神病学家保罗·尤金·布鲁勒（Paul Eugen Bleuler）在 1911 年做过如下描述：时不时地，平和安宁被畸张症式的暴动发作打破。突然间，病人跳起来，摔碎某样东西，用异常大的力道和熟练度抓住某人……一次畸张症发作将他从僵化状态中唤醒，穿着睡衣满大街硬跑了三小时，最后栽倒在地，以僵硬状态躺在阴沟里不动。病人如此行动时经常使出偌大的力气，并几乎总是涉及不必要的肌肉群……他们看上去失去了对移动的度量单位和力量的控制。——原注

色觉或辨识字母数字的能力。相反，如果位于皮质下层，控制运动、速度、情绪、胃口、意识水平等的调节系统发生病变，将会削弱控制力和稳定性，这样一来，病人就会失去通常宽广的心理弹性，即中间地带，像木偶一般无助地从一个极端被抛向另一个极端。

~~~

多丽丝·莱辛（Doris Lessing）曾这样描绘我的脑炎后帕金森综合征患者所处的状态："（患病状态）让你意识到自己活在怎样的刀锋之上。"然而，在健康状态下，我们不是活在刀锋上，而是活在一个像马鞍一样宽稳的常态之中。从生理学意义上说，神经常态反映了大脑兴奋系统和抑制系统之间的平衡，在没有药物和损伤的前提下，这种平衡具有相当程度的回旋余地和弹性。

作为人类，我们具有相对恒定和独特的运动速率，虽然有些人快一点，有些人慢一点，而且即便在一天之中，我们的能量水平和投入程度也会有所不同。年轻的时候，我们更活跃，行动更迅速，时间过得更快；随着年岁渐增，我们一点点慢下来，至少在身体运动和反应速度上是这样的。但是起码在普通人身上和通常情况下，这些速率的差异范围相当有限。老年人与年轻人，或是世界一流的运动员与我们中间最不擅长运动的人，就反应速度而言差别并不大。基本的心理运作也大抵如此，连续运算、识别、视觉联想等都有其可达到的速度上限。国际象棋大师、速算高手、即兴演奏家以及其他技艺超群者令人眼花缭乱的表现，或许和基本神经速度没有太大关系，他们所能调用的知识、记忆模式和策略以及高度精熟的技巧才是关键。

然而，偶尔似乎会有一些人拥有堪比超人的思维速度，其中著名的如罗伯特·奥本海默（Robert Oppenheimer）。当其他年轻的物理学家试图向他解释各自的想法时，他可以在几秒钟内就抓住要点和含义，基本上别人刚一张嘴他就会打断他们，将其思维提炼到新的层次。差不多所有听过以赛亚·伯林（Isaiah Berlin）即兴演讲的人，都会感到无比荣幸，能够见证这样一个惊心动魄的精神现象：语速极快、如泻千里，意象叠加意象，观点叠加观点，听众眼看着庞大的精神建筑拔地而起，又眼看着大厦崩倾，重归虚无。像罗宾·威廉姆斯（Robin Williams）那样的喜剧天才也是如此，他那绚烂炸裂的灵感和自由联想仿佛平地起飞，以火箭发射的速度飞驰。然而，我们在这里讨论的应该不是个体神经元的信息传导速度和简单的脑回路，而是更高阶的神经网络，其复杂程度远超目前最大的超级计算机。

不管怎样，我们人类，哪怕是具有超级速度的人，依然会受到基本神经条件的制约；细胞的放电速度有限，不同细胞和细胞群之间的神经传导速度也是有限的。如果我们能够以某种方式加速十几或五十倍，就会发现自己和周围的世界完全失去了同步性，像上文威尔斯笔下的旅行者所描述的那样，落入一个诡异的境地。

但是，我们可以通过各式各样的工具弥补身体和感官的缺陷。我们可以解锁时间，正如我们在 17 世纪解锁了空间，事实上，如今我们已经发明出威力强大的时间显微镜和时间望远镜。凭借这些，我们可以加速或延迟千万亿倍，这样就能看见以飞秒级 [1] 速度形成和分解的化学键；或是观看利用计算机模拟压缩到几分钟的宇宙历史——从大爆炸到今天的这 130 亿年，甚至（以更

1　10^{-15} 秒。

高的压缩倍率）一直到推想的时间终结的未来。通过这些工具，我们可以强化或减弱我们的感知，可以加速或减速，直到无限超出任何生命过程足以匹配的限度。由此，尽管囿于自身的速度和时间，我们仍然可以在想象中进入任何速度，任何时间。

知觉力：
植物和蚯蚓的精神生活

查尔斯·达尔文生前的最后一本书出版于 1881 年，探讨的是一种颇不起眼的生物：蚯蚓。他主要研究了蚯蚓在深耕土壤、改变地表方面的超凡能力，从书名《腐殖质的形成——通过蚯蚓的行为和对其习性的观察》（*The Formation of Vegetable Mould, Through the Action of Worms, with Observations on their Habits*）就可见一斑。

达尔文试图揣量它的作用效果：

我们也不应该忘记，考虑到蚯蚓捣碎岩石碎

块的能力，有充分的证据表明，每亩土地（特指湿润而非多石、砾质的土地，适合蚯蚓栖息）每年有超过 10 吨的泥土经由它们的身体被带到地表之上。以大英帝国的国土面积来论，在地质学上不算很长的时期内，比如一百万年，其造成的影响绝不可小觑。

然而，该书的头几章几乎完全献给了蚯蚓的"习性"。蚯蚓可以区分明与暗，在有日照的时间里，它们通常待在地下，远离捕食者。它们没有耳朵，但并不是说它们对空气中的震动无知无觉。它们对经过地面的震动十分敏感，因为那可能是正在靠近蚯蚓的其他动物的脚步声所引发的。达尔文注意到，所有这些感知都通过蚯蚓脑袋里的神经细胞群［他称之为"脑神经节"（cerebral ganglia）］传递。

达尔文写道："蚯蚓突然被光照到时，会像兔子一样窜进洞穴。"他意识到自己"刚开始被诱导相信这是某种反射行为"，但之后观察到，这种行为是可以改变的；比如，当蚯蚓专注于其他事情时，即使暴露在光照下，也并未表现出退缩行为。

对达尔文来说，这种调控能力指明了"某种心智的存在"。他还将蚯蚓的"心智特点"和它们堵塞洞穴的习性联系起来，注意到"如果蚯蚓可以判断出……把某个东西拖到巢穴入口附近的最佳方案，它们必然对这个物体的大概形状有某种认识"。这使他紧接着提出："蚯蚓有资格被视为智慧生命，因为它们做了人类在类似状况下会做的事。"

孩提时代，我曾经在自家的花园里玩蚯蚓（后来将它们纳入我的研究项目），但是我真正热爱的还是海滨，尤其是那些潮池，几乎每年都会在海边过暑假。小时候的我对简单海洋生物之美怀有田园牧歌式的情感，这种情感在一位生物老师的熏陶下变得更加科学。我们每年都会跟随他去往位于苏格兰西南部米尔波特的海军基地，在那里可以研究坎布雷岛沿岸种类繁多的无脊椎动物。这一趟趟旅行总是令我兴奋不已，我甚至预感自己将来会成为海洋生物学家。

如果说达尔文关于蚯蚓的著作是我的爱物，那么同样令我心折的还有乔治·约翰·罗马尼斯（George J. Romanes）于1885年出版的《水母、海星、海胆：关于原始神经系统的研究》（*Jellyfish, Starfish, and Sea-Urchins:*

Being a Research on Primitive Nervous Systems)。那本书里充满了简单而又精彩的实验，还有美丽的图例。罗马尼斯是达尔文的小友和学生，海滨和那里的动物群成了他毕生的至爱和兴趣，而他最终的目标是去研究被认为表现出这些动物具有"心智"的行为。

罗马尼斯的个人风格令我深深着迷。[他对无脊椎动物心智和神经系统的大部分研究愉快地完成于"设立在海边的实验室……那是一个小小的木结构小屋，毫无遮掩地迎向海风"（罗马尼斯语）。] 然而很显然，神经和行为的联系是罗马尼斯的研究核心。他将自己的工作定义为"比较心理学"，与比较解剖学相对应。

路易·阿加西[1]早在 1850 年就已证明，某种水螅水母（*Bougainvillea* ）拥有神经系统。1883 年，罗马尼斯展示了它的单个神经细胞（这样的大约有 1 000 个）。通过简单的实验——切开某些神经，在伞膜上制造切口，或者观察单独的组织切片，他证实：水母既能利用局部自发的机制（依附于神经"网络"），也能由沿着伞膜边

1　全名为让·路易·鲁道夫·阿加西（Jean Louis Rodolphe Agassiz，1807—1873），瑞士裔美国生物学家和地质学家，冰川学的创立者之一。

缘的环形"大脑"中枢协调活动。

到了 1884 年，罗马尼斯已经为他的《动物的心智演化》（*Mental Evolution in Animals*）一书绘制出个体神经细胞和神经簇的图例。罗马尼斯写道：

> 在整个动物界，分类阶元不低于水螅虫纲的所有物种都拥有神经组织，无一例外。目前观测到具有神经组织的最低等动物是水母（*Medusae*），如我所说，再往上的物种无一例外。但凡有神经组织存在，其基本结构大致相同，所以无论遇到的是水母、牡蛎、昆虫、鸟类，还是人类，我们都能毫无困难地辨识出它的结构单元，因为都大同小异。

罗马尼斯在他的海边实验室里活体解剖水母和海星时，年轻的西格蒙德·弗洛伊德（Sigmund Freud）正在维也纳生理学家恩斯特·布吕克（Ernst Brücke）的实验室工作，彼时弗洛伊德已经成为达尔文主义的狂热信徒。他把主要精力放在比较脊椎动物和无脊椎动物的神经细胞上，尤其是一种原始的脊椎动物七鳃鳗（*Petromyzon*，又名八目鳗，一种极为原始的鱼类）和一种无脊椎动物淡水螯虾。当时人们普遍认为,无脊椎动物神经系统中的神经元素和脊椎动物的有本质区别,弗洛伊德却用绘制得极为详尽且美丽的图例证明,淡水螯虾的神经细胞基本接近七鳃鳗的——或者说人类的。

而且,弗洛伊德还率先领悟到,神经细胞的本体和它的"突起"(树突和轴突)构成了神经系统的基本组成部分和信号单元。[埃里克·坎德尔(Eric Kandel)在《追寻记忆的痕迹》(*In Search of Memory*)中提出了一个大胆的猜想,如果弗洛伊德继续基础研究,而不是转向医学,或许今天他闻名遐迩的头衔就是"神经元学说的联合奠基人,而不是精神分析之父"。]

尽管神经元可能在形状和大小上有所不同,但是从最低等的动物到最高等的动物,神经元的本质并无不同。区别在于它们的数目和组织方式:我们有 1 000 亿个神经细胞,而水母只有 1 000 个。但是作为能够迅疾且重复放电的细胞,所有神经元并无本质的不同。

突触是神经元之间的连接处,神经冲动在此得到调节,使有机体获得了变通性和广泛的行为选择。突触的重要角色一直到 19 世纪末才被厘清,其中有两位关键人物,一位是伟大的西班牙解剖学家圣地亚哥·拉蒙·卡哈尔（Santiago Ramón y Cajal），他观察过大量无脊椎动物和有脊椎动物的神经系统，另一位是英国人查尔斯·谢林顿（Charles Sherrington），正是他提出了"突触"的概念，并演示了突触可以产生兴奋作用，也可以产生抑制作用。

然而，在19世纪80年代，尽管有阿加西和罗马尼斯的研究在前，在大多数人心目中，水母依然只是一团被动漂浮的触手，时刻准备蜇咬和消化送上门来的任何东西，人们只把它们当作某种漂浮的海洋茅膏菜。

但水母一点儿也不被动。它们有节奏地搏动，同时收缩伞膜的每一个部分，这需要有一个中央起搏器系统分别启动每一次脉动。水母可以改变游动的方向和下潜的深度，其中很多会有"捕鱼"行为：它们会上下翻转一分钟，将触手像网一样铺展出去，然后依靠八个重力感应的平衡器官恢复直立。（一旦切除这些器官，水母就会失去方向感，不再能够控制它们在水中的位置。）被鱼咬住或受到威胁时，水母有一个逃跑策略，伞膜会进行一连串迅速、有力的搏动，好将自己喷射出去，离开受到威胁的地方；在这样的时刻，特殊的超大（因此可以迅速反应的）神经元通常会被激活。

在潜水圈子里，有一种生物臭名昭著，它就是箱水母（*Cubomedusae*）[1]。它们具有发育完全、能形成影像的眼睛（和我们的眼睛没有太大差别），是拥有这种眼睛的最低等生物之一。生物学家蒂姆·弗兰纳里（Tim Flannery）曾这样描述箱水母：

> 它们是中型鱼类和甲壳类的活跃捕猎者，最高移动速度可达每分钟 6.4 米。在所有水母中，只有它们拥有结构精巧的眼睛，包括视网膜、角膜和玻璃体。它们也拥有可以学习、记忆和指导复杂行为的大脑。

我们和所有高等动物一样，都是两侧对称，有一个包容大脑的前端（头部），也有偏好的运动方向（向前）。水母的神经系统和它的形态一样，是放射性对称的，可能看起来没有哺乳类的大脑那么发达，但是完全当得起大脑的称号，因为它能够产生复杂的适应性行为，协调该生物的所有感官和运动机制。我们如何谈论

1 　恩斯特·海克尔（Ernst Haeckel）于 1877 年拟名 *Cubomedusae*。箱水母现在的学名为 *Chironex fleckeri*。

"心智"（一如达尔文对蚯蚓所做的那样），取决于我们如何定义"心智"。

~ ~ ~

我们都会区分植物和动物。我们认为，总体上说，植物静止不动，扎根于土壤；它们将绿色的叶片伸向苍穹，接受阳光和土壤的滋养。我们知道，动物刚好相反，它们不静止在一处，而是会从一个地方移动到另一个，靠觅食或捕猎来获取食物。它们具有各种容易辨认的行为表现。植物和动物沿着两条完全相左的路径演化（真菌是第三条），它们在形式和生存方式上截然不同。

然而，达尔文坚持认为，动物与植物之间的关系比我们想象的要近很多。他后来加深了这种想法，通过论证食虫植物和动物一样利用电流活动——正如存在"动物电"[1]，"植物电"也一样存在。但是，"植物电"流

---

1 伽尔瓦尼夫妇在解剖实验中无意间发现，青蛙腿受到电击后会短暂跳动，仿佛有生命一般，由此推论出动物体内存在电流，这种动物电是动物可以活动的原因。

动缓慢，每秒 2.5 厘米左右，类似于含羞草（*Mimosa pudica*）被触碰后一片片小叶沿着叶柄渐次闭拢那样的速度。"动物电"由神经传导，速度大约是前者的 1 000 倍。[1]

无论是植物还是动物，细胞之间的信号传递取决于电化学变化，带电粒子流从特殊的、高度选择性的离子通道进出细胞。带电粒子的流动产生电流，也就是动作电位（action potentials）——从一个细胞传递到另一个的脉冲，在这点上，动物和植物没有区别。

植物很大程度上要依赖钙离子通道，这完美地契合了它们相对缓慢的生命节奏。正如丹尼尔·查莫维茨（Daniel Chamovitz）在《植物知道生命的答案》（*What a Plant Knows*）一书中指出的那样，植物也有视觉、听觉、触觉信号，甚至还不止。植物"知道"应该做什么，它们也"记得"发生过什么。但由于没有神经元，植物的学习方式和动物的不同；它们仰赖一个由不同化学物质和达尔文所说的"道具"（devices）组成的巨大

1　1852 年，赫尔曼·冯·亥姆霍兹（Hermann von Helmholtz）已经测算出神经以大约每秒 24 米的速度传导。如果我们把低速摄制的植物移动影像加速 1 000 倍，植物的行为就开始变得像动物了，甚至表现出某种"意图"。——原注

装备库。这些物质的蓝图必然全都编录在植物的基因组里，事实上，植物的基因组规模通常要大于人类的。

植物依托的钙离子通道并不支持细胞间高速或重复的信号传递；一旦有一个动作电位被激发，它将无法以足够快的速率重复，也就无法产生比如让蚯蚓"蹿进它的洞穴"的速度。足够快的速率需要特定的离子以及以毫秒为单位来开关的离子通道，以此在 1 秒钟内生成数以百计的动作电位。这些神奇的离子就是钠离子和钾离子，依靠它们才能发展出快速反应的肌肉细胞、神经细胞以及突触间的神经调节。有机体因而学会学习，能够从经验中获益、做出判断和行动，最终可以思考。

动物——这种新的生命形式在大约 6 亿年前演化出现，这带来了极大的生存优势，迅速改变了生物种群。在所谓的寒武纪大爆发时期（可以精确地追溯到 5.42 亿年前），在 100 万年甚至更短的时间内，地质史上也就一眨眼的工夫，数十个甚至更多分类学上新的门（phyla）涌现了出来，这些新的生物在身体结构上截然有异。曾经风平浪静的前寒武纪海洋成了捕食者与被捕食者的丛林，不再一成不变，而是前所未有地动了起来。某些动物（比如海绵）失去了它们的神经细胞，退化为植物性的生命；其他一些动物，尤其是捕食者种群，则不断演化出更成熟的感官组织、记忆和大脑。

每次只要想到达尔文、罗马尼斯以及他们同时代的其他生物学家已经开始在类似水母甚至原虫这样的原始生命中寻求"心智""精神过程""智能"，甚至"意识"，我就会油然生出不可思议之感。再过十年就是激进行为主义者的天下，这个流派不承认没有经过客观证明的事实，尤其否认刺激与反应之间存在任何内在过程，认为两方互不相干，或者说至少超出了科学研究的范围。

诚然，这些限制和简化的确有助于研究刺激和反应，无论其中是否涉及"条件制约"，而且，正是巴甫洛夫关于狗的著名研究，将达尔文在蚯蚓身上发现的东西变成了一项定式——"敏感化"和"习惯化"。[1]

正如康拉德·洛伦茨（Konrad Lorenz）在《动物行

---

1 巴甫洛夫在狗身上进行了著名的条件反射实验，条件刺激通常设置为铃声，狗学会了将铃声与食物联系起来。但是 1924 年，实验室里发了一次大水，狗差点淹死。自那之后，许多狗在余生中发展出了对（看到）水的敏感化，甚至恐惧。极端或长期的敏感化构成了创伤后应激障碍（PTSD）的基础，这点在人和狗身上都一样。——原注

为学基础》（*The Foundations of Ethology*）里所写的那样："一条刚从乌鸫爪下死里逃生的蚯蚓……事实上已经明智地学会了大幅降低对类似刺激的反应门槛，因为它相当确信，在接下来的数十秒里，这只鸟都会待在附近。"这种降低反应门槛或者说敏感化是学习的基本形式，即便是非联想性的，并且维持时间相对较短。与此相对，反应的逐渐弱化或者说习惯化则发生在刺激不断重复且不太重要的场合，这些刺激完全可以忽略。

在达尔文去世后的数年内涌现的大量研究表明，即便是原虫这样的单细胞生物，也可以展现出广泛的适应性反应。其中最突出的是赫伯特·S. 詹宁斯（H. S. Jennings）的研究，他证明了，像喇叭虫属（*Stentor*）这样微小、带柄的喇叭形单细胞生物一旦被碰触，首先会尝试调动包含至少 5 种策略的反应库，除非这些基本反应全都无效，它才会自己脱落，寻觅新的家园。但是，再次被碰触时，它会跳过中间步骤，直接动身前往新的地点。它已经对有害的刺激产生了敏感化，或者用更通俗的语言说，它"记住了"不愉快的经验，习得了教训（尽管这种记忆仅持续几秒钟）。相反，如果喇叭虫属暴露在一连串轻柔的触摸之下，它很快就会停止对其做出反应——因为它已经习惯化了。

在 1906 年出版的《低等生物的行为》（*Behavior of the Lower Organism*）一书里，詹宁斯描述了草履虫属（*Paramecium*）和喇叭虫属这类生物的敏感化和习惯化过程，以此阐明自己的研究工作。尽管在描述原虫的行为时，他十分谨慎地避免使用任何主观的、人类中心的语言，但书的结尾部分还是收录了一个令人吃惊的章节，将可观察到的原虫行为与"心智"联系了起来。

他感到，我们人类不情愿将任何心智特质赋予原虫，因为它们太过微小：

> 经过对该生物行为的长期研究，作者有充分的理由相信，如果阿米巴原虫足够大，大到日常就可以观察到，我们立刻就会把它的行为归因于特定的心理状态，愉悦与痛苦、饥饿、欲望，等等，这和我们对犬类行为的归因具有相同的思维基础。

詹宁斯所想象的高度敏感、和狗一样大的阿米巴原虫，与笛卡儿对狗的看法形成了讽刺的对照，后者认为狗太缺乏感觉，所以人类活体解剖它们时也不必感到内疚，在笛卡儿看来，狗吠只是一种准机械性的纯"反射"反应。

敏感化和习惯化过程对所有生命体都至关重要。这类基本的学习形式在原虫和植物之中都很短暂，最多维持几分钟；长效形式需要神经系统的支持。

在行为研究蓬勃发展之际，很少有人关注行为的细胞学基础，也就是神经细胞及其突触所扮演的角色。对哺乳类的研究（比如老鼠的海马体或记忆系统之类）遇到了几乎不可逾越的技术困难，皆因为动物的神经元异常之小且密度极高（不仅如此，即便我们可以记录单个神经元的电活动，依然很难在冗长的实验过程中保持它的活性和完备的功能）。

面对这些困难，在20世纪早期，神经系统领域最早也是最伟大的微观解剖学家拉蒙·卡哈尔转向了简单系统的研究：动物的幼体或胚胎，以及非脊椎动物（昆虫、甲壳类、头足类和其他）。基于类似的原因，20世纪60年代，当坎德尔准备着手研究关于记忆和学习的细胞基础时，他想到了一种神经系统更简单、更容易进入的动物，最终选中了海兔（*Aplysia*）。这种动物大约有20 000个神经元，分布在10个左右的神经节中，每个神经节大约有 2 000 个神经元。它还拥有特大号的神经元（有些甚至大到裸眼可见）——在固定的结构回路里彼此连接。

作为记忆研究的对象，海兔或许会被认为过于低级、不够资格，但这不足以阻止坎德尔顶着同事的质疑把它作为研究对象，正如这种理由也不曾阻止达尔文谈论蚯蚓的"心理特质"。"我开始像一个生物学家那样思考了，"回想当初研究海兔的决定，坎德尔写道，"我意识到，所有动物都具有某种形式的精神生活，这反映了它们神经系统的结构。"

正如达尔文观察蚯蚓身上的逃逸反射，以及该反射在不同状况下如何受到促进或抑制，坎德尔观察了海兔的防御反射，即如何将其暴露在外的鳃收回安全的地方，以及对该反应的调节。坎德尔记录了（有时是激活）负责控制这些反应的腹腔神经节的神经细胞和突触，从而阐明相对短期、涉及习惯化和敏感化的记忆与学习有赖于神经突触的功能性变化——但是，延续数月之久的长期记忆可能会伴随神经突触的结构性变化。（无论哪种情况，实际作用的回路都没有改变。）

20 世纪 70 年代，新技术和新概念的出现使坎德尔和他的同事得以借鉴电化学研究的成果，从而进一步完善对记忆和学习的电生理学研究："我们的目的是洞悉神经过程的分子生物学，了解究竟是什么分子负责处理短期记忆。"这样一来，研究突触运作时所涉及的离子通道和神经递质（这项划时代的工作为坎德尔赢得了诺贝尔奖）也就顺理成章了。

海兔只有 20 000 个神经元，分布在全身的神经节里，而昆虫的神经元可以达到 100 万个，尽管十分微小，但能完成非常了不起的认知任务。因此，在实验室环境中，蜜蜂是辨别不同颜色、气味和几何图形的专家，也能识别这些外部信息的系统性变化。当然，在野外和我们的花园里，蜜蜂也同样表现出卓越的能力，它们不仅能够辨认花的图案、气味和颜色，也能记住它们的位置，并将这些信息传递给其他伙伴。

目前，科学家甚至已经证明，在高度社会化的纸胡蜂群体中，个体可以学习辨认其他纸胡蜂的面孔。在此之前，这种面部学习仅见于哺乳类；如此特定的认知能力居然也存在于昆虫身上，这一发现着实令人振奋。

我们经常把昆虫理解为小小的自动机——一切都是内置且程式化的。但是越来越多的证据表明，昆虫能够以相当丰富且出人意料的方式记忆、学习、思考和交流。毫无疑问，其中一大部分是内置的，但似乎也有很多仰赖个体的经验。

不管昆虫如何，无脊椎动物当中的天才——头足纲动物（包括章鱼、乌贼、枪乌贼等）——完全是另一码事。首先，它们的神经系统大得多，章鱼可能有 5 亿个神经细胞分布在大脑和触腕之间（相比之下，小鼠只有 7 500 万到 1 亿个）。章鱼的大脑组织化程度极高，有数十个功能分化的脑叶，与哺乳类的学习和记忆系统有许多相似之处。

在实验测试中，头足纲动物不仅很容易通过训练学会辨别形状和物体，有些甚至可以通过观察来学习，除了它们之外，只有某些鸟类和哺乳类拥有这种能力。头足纲动物有惊人的伪装才能，可以通过改变皮肤的颜色、图案和质地来释放复杂的情绪信号。

在《小猎犬号航海记》（*The Voyage of the Beagle*）里，达尔文记录了一只章鱼如何在潮汐池里和他互动，它轮番表现出警惕、好奇甚至顽皮的情绪。章鱼在某种程度上可以被驯养，其饲养者往往能和它们心灵相通，感觉到某种心理和情感上的亲近。究竟能不能把"c" （consciousness，意识）打头的词用在章鱼身上，这点依然值得商榷。但是，如果我们认可狗拥有显著的、个体化的意识，那么也应该认可章鱼拥有。

　　自然至少运用了两种截然不同的方式塑造大脑——事实上，动物界里有多少个门，就有多少种大脑形成的方式。不同的心智以各种各样的程度，从所有这些大脑中发端或具现出来，尽管演化上的生物学鸿沟分隔了不同的物种，也分隔了它们和我们。

另一条道路：
弗洛伊德作为神经学家

把我和七鳃鳗属脊椎神经中枢论文的作者画上等号，对维持人格同一性来说实属苛求。但无论如何，我必须是他，而且自此以后，没有任何东西能比这桩发现更令我快乐了。

——西格蒙德·弗洛伊德致卡尔·亚伯拉罕

1924 年 9 月 21 日

人人皆知，弗洛伊德是精神分析之父，但他主要作为神经学家和解剖学家活动的 20 年（1876—1896）却鲜为人知；弗洛伊德晚年很少提及这段时期。然而，他的神经科学生涯是其精神分析生涯的前身，或许也是解开后者的关键。

我们从弗洛伊德的自传中得知，促使他决定攻读医学的动因，正是他早年对达尔文［以及歌德的《自然颂》（"Die Natur"）］萌发并始终不减的热情；大学第一年，他旁听了"生物学和达尔文主义"课程，还听了生理学家恩斯特·布吕克的讲座。两年后，渴望实操的弗洛伊德拜托布吕克为自己在实验室安排一个位置。根据弗洛伊德后来的说法，尽管当时他已经将人类的大脑和心智视为自己的终极研究课题，但是他对神经系统的早期形式和起源还抱有浓厚的兴趣，认为应该先大体上把握这一部分演化。

布吕克建议弗洛伊德研究一种鱼的神经系统——七鳃鳗，尤其是聚集在其脊髓周围的"赖斯纳"细胞（Reissner cell）。早在40年前，学生时代的布吕克就被这些细胞吸引了注意，但是他当时并没有探明它们的性质和功能。年轻的弗洛伊德在七鳃鳗独特的幼体中发现了这些细胞的前身，并阐明它们与高等鱼类的背根神经节细胞具有同源性，这是一项意义重大的发现。［七鳃鳗的幼体和成体非常不同，前者曾长期被认为是另一个独立的属：沙隐虫属（*Ammocoetes*）。]之后他转向无脊椎动物神经系统，研究对象是淡水螯虾。当时普遍认为，无脊椎动物神经系统的神经"元素"（elements）和脊椎动物的有本质的区别，但是弗洛伊德成功地表明，事实上它们在形态学上完全一致。低等动物和高等动物之间的差异并不在细胞层面的元素，而是在它们的组织化。这样一来，甚至在弗洛伊德最早的研究里，某种达尔文式的演化观就已初露端倪，正是借助这种演化，通过最保守的手段（同一种基本的、解剖结构上的细胞元素），复杂度累进的神经系统[1]得以建立。

19世纪80年代早期，彼时已经拿到医学学位的弗洛伊德顺理成章地转向了临床神经学，但是对他来说，同样重要的是继续开展他的解剖学工作，观察人类的神经系统。这些研究后来都在神经解剖学家、精神病学家特奥多尔·梅涅特（Theodor Meynert）的实验室完

---

[1] 这一时期人们普遍认为，神经系统是一个合胞体（syncytium），是一团连在一起的神经组织。直到19世纪80年代至90年代，通过拉蒙·卡哈尔和瓦尔代尔（Waldeyer）的努力，分离的神经细胞（神经元）终于获得承认。然而，弗洛伊德在他的早期研究里离这个发现仅半步之遥。——原注

成。[1] 对梅涅特［一如保罗·E. 弗莱克西希（Paul Emil Flechsig）或同时代的其他神经解剖学家］来说，这些研究方向上的并置完全不奇怪。当时无论面对健康的大脑还是病变的大脑，对心脑关系的理解都过于简单，近乎机械；因此，梅涅特1884年的代表作《精神病学》（*Psychiatry*），其副标题是"关于前脑疾病的临床专论"。

尽管颅相学本身已名声扫地，脑功能定位说（localizationist）在1861年却又重焕生机。当时，法国神经学家保罗·布罗卡（Paul Broca）证实，左脑特定脑区受到损伤后会产生高度特异性的功能障碍——令人丧失表达性语言，也就是所谓的表达性失语症。随后，其他领域也陆续发现了相关性。到了19世纪80年代中期，颅相学梦想的某种变体似乎就要成真了：各种"中心"（centers）被分别用来描述表达性语言、感受性语言、

1　在梅涅特实验室工作期间，弗洛伊德出版了大量神经解剖学论文，重点关注脑干纤维束和各种连接。他经常称这些解剖学研究为"真正的"科学工作，后来还考虑过撰写一本关于脑解剖学的教科书，但最终未能实现，仅出版了高度浓缩后的版本，收录在斐拉瑞（Villaret）的《医学辞典》（*Handbuch*）中。——原注

色彩辨别、书写以及其他专门化的能力。梅涅特就是浸染在这样一种脑功能定位主义当道的时代氛围之中——事实上，正是他本人通过证明听觉神经投射于大脑皮层的特定区域（*Klangfeld*，又名听觉区域），从而假定所有感觉性失语症病例几乎都是该区域受到了损伤。

但是，这种脑功能定位论让弗洛伊德感到不安，在更深层的意味上也令他极为不满。因为他逐渐意识到，所有定位说的观点都有一种机械论的特质，都将大脑和神经系统视为某种巧妙但愚蠢的机器，认为其基本组成部分和功能之间具有一一对应的关系，完全无视它们的系统性、演化过程和形成史。

从 1882 年到 1885 年期间，他把大量时间花在维也纳综合医院的病房里，打磨作为临床观察者和神经学家应有的技能。对叙事力的强调，对具体案例史的重要性之体认，都清楚地反映在他这个时期撰写的临床病理学论文里：死于维生素 C 缺乏病加脑出血的男孩；患有急性多发性神经炎的 18 岁面包师学徒；还有一名患有罕见脊椎疾病——脊髓空洞症（syringomyelia）的 36 岁男子，此人失去了痛觉和对温度的感觉，却保留了触觉（这种感觉上的分离由脊髓内部高度局部性的损害引起）。

1886 年，在巴黎跟从伟大的神经学家让-马丁·沙尔科（Jean-Martin Charcot）[1] 学习了 4 个月之后，弗洛伊德回维也纳成立了自己的神经内科诊所。"神经学生涯"对弗洛伊德究竟意味着什么？想要从他的信件或卷帙浩繁的传记和研究著作中将此重构出来着实不易。他在贝尔格斯巷 19 号的咨询室里接待患者，这些患者可能有形形色色的症状，一如彼时此刻任何一个神经学家所面临的处境：有些是日常性的神经失调，比如脑卒中、震颤、神经性病变、痉挛或者偏头痛；有些是功能性失调，比如癔症、强迫症或者其他类型的神经症。

与此同时，他还在儿童疾病研究所兼职，每周开设数次神经科门诊。（由此累积的临床经验孕育出 3 本关于小儿脑瘫的专著，弗洛伊德也因此在同时代的神经学家中享有很高的声望，直到现在偶尔还会被人提及。）

1　沙尔科被视为当时最伟大的神经科学家。尽管他主要从事临床研究，却是第一个将解剖学与生理学新知整合入临床研究的神经学者。他所强调的神经系统功能与结构知识的重整，直接导致现代神经学、神经心理学与精神医学、实验心理学，以及后来的精神分析等学科之间知识论的重新界定。（沈志中. 瘖哑与倾听：精神分析早期历史研究. 行人出版社，2009）

开办神经门诊期间，弗洛伊德的好奇心、想象力和理论能力逐渐提升，促使他去寻求更复杂的知性任务和挑战。更早之前，他在维也纳综合医院期间进行的神经学研究相对来说较为依循成例，但此刻，当他开始思索更加复杂的失语症问题时，他逐渐确信，自己需要一种截然不同的大脑理论。一种更动态的大脑观俘获了他。

~ ~ ~

一定有不少人好奇，弗洛伊德究竟在什么时候、通过什么方式结识了英国神经学家约翰·休林斯·杰克逊，后者当时正在试图建构一种神经系统的演化论观点，悄然、固执且坚持不懈地对周遭狂热支持脑功能定位学说的氛围完全免疫。杰克逊比弗洛伊德年长20岁，达尔文《物种起源》的出版以及赫伯特·斯宾塞（Herbert Spencer）的演化哲学使杰克逊转向了演化论式的自然观。19世纪70年代早期，他提出一种阶序化的神经系统观念，从最低等的反射层级逐步向更高等的意识和自主行为的层级演化。根据杰克逊的构想，在病患身上这个顺序是颠倒的，随之发生的是逆演化、分解或退行，如此一来，通常被更高层级抑制的原始冲动就会被"释放"出来。

尽管杰克逊最初提出这个观点时专指某一类癫痫发作（我们现在依然称之为"杰克逊［癫痫］发作"[1]），但后来被用来解释各种神经疾病，还有梦、妄想和神经错乱。1879 年，杰克逊将这一发现应用于失语问题，该课题长久以来吸引了无数对更高阶认知功能感兴趣的神经学家。

数十年后，弗洛伊德在自己的《失语症释义》（On Aphasia）中一再追认杰克逊对他的影响。他仔细考察发生在失语症患者身上的许多极为特殊的现象：丧失新习得的语言能力的同时无损于母语使用，保留常用的词汇和联想，与记下单个词语相比更容易记忆成体系的词语（比如星期几），可能出现错语症（paraphasias）或动词性替代（verbal substitution）。所有这些表现中，最令他感兴趣的是刻板的、看似无意义的短语，有时候它们是唯一残留下来的言语，就像杰克逊假设的那样，可能

---

1 开始表现为身体某一部位抽搐，之后按一定顺序逐渐向其他部位扩展的一种癫痫发作。

是患者发生脑卒中前最后说的话。和杰克逊一样，对弗洛伊德来说，它们代表了对某个命题句或观念的创伤性"固着（fixation）"（以及由此导致的无法抑制的重复），这一观点在他的神经症理论中占据了至关重要的位置。

弗洛伊德进一步观察到，许多失语症症状之间共有的联想似乎是心理性的，而非生理性的。失语症中的口误可能源自词语联想，读音相近或语义相近的词语倾向于代替正确的词语。但有时候，这种代替的性质更为复杂，无法用同音词或同义词来解释，而是形成于个体的过去。[此处预示了弗洛伊德日后在《日常生活的心理分析》（*The Psychopathology of Everyday Life*）中阐述的观点，关于口误和行为倒错是可解释的，因为都具有个体和个人史层面的意义。]弗洛伊德认为，要想理解口误现象，就必须考察词语的特性，以及它们在形式或个体经历上与语言、心理和意义世界的关联。

他相信，认为词语影像存储在某个"中心"的细胞里，这种过分简化的观念与失语症的复杂临床表现是无法兼容的，一如他在《失语症释义》中所言：

　　　　有一种理论正在成形，认为语言装置是由单

独的皮质中心构成的；据说这些细胞中包含了词语影像（词语概念或词语印象）；这些中心被认为和无功能的皮层区域相互区隔，通过联想神经束产生连接。这些论述可能马上让人产生一个疑问：这样一种假说是否正确，甚至是否被容许？我的答案是，否。

弗洛伊德写道，我们必须舍弃"中心"论，不去设想固定不变的词语或影像的仓库，转而去思考"皮层场（cortical fields）"，也就是一大片具有多重功能的皮质区域，彼此之间相互促进或抑制。他继续写道，若非以这样一种动态的、杰克逊式的语言思考它，我们将无法理解失语症现象。不仅如此，这样的系统并非位于同一个"层级"。休林斯·杰克逊提出了一种大脑的垂直结构组织说，在不同阶序的层级上都存在重复的功能表征或躯体表现——因此，当高阶的、命题式的言说无法达成时，依然存在失语症特有的"退行"表现，出现原始的、情绪化的言说（有时是爆发性的）。弗洛伊德先一步将杰克逊的退行概念引入神经学，其后导入精神分析；事实上，我们似乎能感觉到，弗洛伊德在《失语症释义》里对退行概念的运用，为后来将其更广泛、更有力地应用于精神分析铺平了道路。（我们不禁猜测，自己的理论被如此大范围出其不意地拓展，杰克逊会做何感想。但是尽管杰克逊 1911 年才去世，他生前是否听说过弗洛伊德，我们依然不得而知。）[1]

弗洛伊德比杰克逊更进一步，他暗示不存在自律、孤立的中心或功能，存在的是致力于达成认知目标的系统——系统中包含众多组成部分，这些部分可以通过个体经验产生，也可以被大幅度改变。鉴于识字能力并非内置，他认为，讨论书写的"中心（细胞）"[一如他的朋友、前同事西格蒙德·埃克斯纳（Sigmund Exner）所假设的那样]是徒劳无益的；我们应当思考的是，在

1　如果说杰克逊的寂寂无闻（他的《书信选》要到 1931—1932 年才结集出版）有点出乎意料，更让人意外的是，弗洛伊德论述失语症的专著也遭受了同样的冷遇。《失语症释义》在出版之初并未引起重视，之后许多年都处于无人知晓、印量少到欲购不得的处境，甚至连亨利·海德（Henry Head）1926 年出版的关于失语症的大作也没有提到它，直到 1953 年才被翻译成英文。弗洛伊德自承《失语症释义》是"可敬的失败"，并对比了它和自己那本更符合成例的、关于小儿脑瘫的著作受到的不同待遇："作者对其作品的评价与他人的评价之间存在某种可笑的分歧。就拿我那本写双侧瘫痪的书来说，这是我以最低限度的兴趣和精力，几乎随性地堆砌出来的。它获得了巨大的成功……但是对于真正的好东西，比如《失语症释义》，扬言即将出版的《强迫性思维》，还有即将面世的神经症病因学和理论，我对它们的期望顶多不超过'可敬的失败'。"——原注

大脑中作为学习的结果被建构出来的一个或多个系统。［这令人吃惊地预言了50年后神经心理学奠基者 A. R. 鲁利亚（A. R. Luria）发展出的"机能系统"理论。］

在《失语症释义》中，除了这些经验论和演化论式的思考之外，弗洛伊德还着重思考了认识论问题——在他看来，生理和心理这两个范畴被混为一谈了：

> 神经系统中发生的一连串生理事件和心理过程之间很可能不是因果关系。生理过程并未因精神过程的开始而终止，而是持续进行……但是，从某一时刻开始，每一种心理现象会对应一连串生理事件中的一个或多个环节。因此，精神是与生理平行的过程，"一个依存性的伴随物"。

至此，弗洛伊德不仅为杰克逊的观点背书，还进行了扩展。"我不需要费神去弄清身心之间的联系，"杰克逊写道，"假设它们平行就足够了。"心理过程有自己的法则、原则、自主性和连贯性，这些必须接受独立的检验，不管与之并行发生的生理过程是什么。杰克逊的平行论或伴随论赋予了弗洛伊德极大的自由，使他能够前所未有地深入细节、去关注现象，去寻觅和理论化一种纯心理性的理解，摒弃硬要将它们与生理过程关联起来的不成熟的诉求（尽管他从不怀疑这种伴随性过程一定存在）。

随着对失语症的认识不断加深，弗洛伊德从一种中心论的或者损伤论的思维模式，转向一种大脑的动态理论，类似的转向也发生在他对癔症的认识上。沙尔科相信（一开始也成功地说服了弗洛伊德），尽管在癔症性瘫痪患者身上未曾发现过解剖学上的病变，但一定存在某种"生理性病变"，该损伤和一种神经性麻痹病例身上可能出现的"解剖学病变"，出现在大脑中的同一个位置。因此，沙尔科认为，癔症性瘫痪在生理学意义上等同于器质性麻痹，并且癔症本质上可以视为一种神经疾病，是某些高度敏感到近乎病态的个体或"神经病患者"所特有的反应。

其时，弗洛伊德仍然沉浸在解剖学和神经学的思维模式中，沙尔科的魔咒尚未被打破，因此对他而言，要接受上述观念似乎毫无困难。"去神经学化"的过程异常艰难，即便是在这样一个崭新的、依然充满谜团的领域。但是，还没过去一年，他就已经不那么肯定了。整个神经学界就催眠究竟该归入生理现象还是心理现象陷入了争议。1889 年，弗洛伊德拜访了和沙尔科同时代的伊波利特·伯恩海姆（Hippolyte Bernheim）。伯恩海姆提出了催眠的心理起源假设，相信只能通过观念或暗示来解释。此次拜访似乎对弗洛伊德影响深远。他开始不再信从沙尔科，不再认为癔症性瘫痪患者身上存在局部的（如果是生理性的）病变，而是转向了一种更含糊但也更复杂的信念，认为生理性变化分布在神经系统数个不同的部分里，这样一种观点呼应了即将在《失语症释义》中呈现的洞见。

沙尔科曾建议弗洛伊德通过对比器质性麻痹和癔症性瘫痪来澄清争议。[1] 对此弗洛伊德已有充分的理论准备，因为他回维也纳开办私人诊所之后，也开始接待患有癔症性瘫痪的病人，为了自身的目的尝试解明它的运

---

[1] 同样的问题也曾摆在约瑟夫·巴宾斯基（Joseph Babinski）面前，他是沙尔科诊所的另一名年轻神经学家（后来成为法国最著名的神经学家之一）。巴宾斯基同意弗洛伊德在器质性瘫痪与癔症性瘫痪之间做出的区分，但后来，"二战"时期为伤员诊疗的经历使他认识到，存在一个"第三场域"：瘫痪、感觉缺失以及其他神经问题的根源既不能定位于某处解剖学损伤，也不在于"观念"，而是在一个位于脊椎或其他地方的广域的突触抑制"场"。在此，巴宾斯基提出了"躯体神经功能综合征"（syndrome physiopathique）的概念。自赛拉斯·韦尔·米切尔（Silas Weir Mitchell）在美国独立战争时期首次描述之后，这样一种可能在严重生理性创伤或手术之后发生的症状就困扰了无数神经学家，因为它们可能造成某些散布在身体各部位、既无特殊神经分布也不引起显著情感变化的区域性功能失效。——原注

作机制。

1893 年，他与癔症的所有器质性解释彻底决裂：

> 癔症性瘫痪所造成的损伤必然和神经系统彻底
> 无关，因为在瘫痪及其他癔症的行为表现中，解剖
> 学病变好像就不存在，或者和这些表现完全无关。

这是弗洛伊德转变的一刻，一跃突破了知见的隘口，（在某种意义上）即将放弃神经学、精神病状态的神经或生理基础，转而彻底从这些病症状态自身的角度出发加以考察。他将做出最后的、高度理论化的尝试，在《科学心理学大纲》（*Project for a Scientific Psychology*）中绘制心理状态的神经基础。他也从未放弃以下观点，即所有心理条件和理论最终都有其生物性"基石"。但是，出于现实考虑，他感觉自己可以也必须先将这个想法暂时搁置起来。

~ ~ ~

尽管在 19 世纪 80 年代至 90 年代，弗洛伊德逐渐把

精力转移到了精神分析工作上，但他依然坚持时不时地撰写一些神经学研究的小论文。1888 年，他出版了第一部论述儿童半侧偏盲的著作，1895 年发表了一篇关于异常压迫性神经病变（又名感觉异常性股痛）的论文。他本人也罹患此疾，并且在数名他负责照料的病人身上观察到该症状。除此之外，弗洛伊德还饱受经典型偏头痛的折磨，会诊时还遇到过不少有相同苦恼的患者。他一度很显然在考虑就这个主题写一本小书，但最终落实的仅仅是 10 条"业已确立的要点"，载于他 1895 年 4 月寄给友人威廉·弗利斯（Wilhelm Fliess）的信中。这份总结中蕴含着强烈的生理和定量基调，"神经力的经济学"，预示了他在这一年晚些时候井喷式的思考和写作。

饶有兴味的是，即便是弗洛伊德这般著作等身的人，他们最具启发、最先知先觉的观点仅见于私人信件和日记。在弗洛伊德的一生中，从未有一个阶段如 19 世纪 90 年代中期那样高产地输出这般洞见卓识，他没有把心中酝酿的思想分享给除了弗利斯之外的第二个人。1895 年后期，弗洛伊德启动了一项野心勃勃的计划，企图将他全部的心理学观察和洞见整合起来，并佐以可靠的生理学基础。此时，他给弗利斯写了一封热情洋溢的信，几乎欣喜若狂：

> 上周某个夜晚，我正埋头工作……突然之间，所有障碍都移除了，面纱被揭开，从神经症到使意识成为可能的条件，全都巨细无遗地呈现在我面前。似乎万物相互勾连，作为整体配合无间，给我的印象是，如今这整件事就是一部机器，很快就会自行运转……你可以想见，我真不知该如何抑制此刻的喜悦之情。

然而，万物互相勾连、大脑和心智的完整工作模式——这些构想尽管在弗洛伊德看来几乎如启示般一目了然，今天的我们要完全把握它却绝非易事（实际上，仅仅数月之后，弗洛伊德自己写道："我不再能理解构思'大纲'时的自己是怎么想的。"）。[1]

围绕这份《科学心理学大纲》（这是现在的名字，弗洛伊德给它的暂定名是"为神经学家写的心理学"），

---

[1] 弗洛伊德从未从弗利斯那里取回手稿，这份手稿也被认为业已佚失，直到 20 世纪 50 年代才被重新发现并出版——尽管这只是弗洛伊德在 1895 年后期撰写的大量手稿中的一小部分。——原注

讨论不胜枚举。《大纲》阅读起来极其艰涩，部分缘于主题本身，以及各种概念的原创性；部分是因为弗洛伊德使用了过时的、时而极度个性化的术语，不转译成相对熟悉的语言就很难懂；除此之外，这部著作是在很短的时间内、以速记的方式写就的；或许还有一个原因，那就是作者无意将其公诸天下。

尽管如此，《大纲》的确（或者说试图）将记忆、注意力、意识、感知、愿望、梦、性、防御、压抑以及初级、次级思维过程（弗洛伊德原话）等各个领域整合到一种单一连贯的心智观中，并且将这些过程全部奠立在一个基本生理框架之上。该框架由不同的神经系统和系统之间的互动、可变的"接触屏障"（contact barrier）以及自由或受约束的神经兴奋状态构成。

尽管《大纲》的语言不可避免地具有19世纪90年代的风格，但是从当下的许多神经科学观念回看，其中的不少观点保留（或者说获得）了高度的相干性。正是因为这一点，卡尔·普里布拉姆（Karl Pribram）和默顿·吉尔（Merton Gill）再次对《大纲》进行解读。普里布拉姆和吉尔把《大纲》称为他们的"罗塞塔石碑"，因为它指引着想要在神经学和心理学之间搭起桥梁之人。弗洛伊德在《大纲》里发展的许多观点，酝酿之初并没有条件进行实证检验，如今都可以实现了。

弗洛伊德始终牵挂着记忆的特质。他将失语症视为某种忘却，他从自己的笔记里观察到，偏头痛常见的早期症状是忘记专有名词。他将记忆的病理学视为癔症的核心（"癔症患者的苦厄主要在于回忆"）。在《大纲》中，他试图从多个层面阐释记忆的生理学基础。他提出，记忆的生理前提之一是某些神经元之间的"接触屏障"系统——他称之为 psi 系统（比谢林顿命名的"突触"早了 10 年）。弗洛伊德的接触屏障具有选择性促进或抑制功能，在获得新信息和记忆之后，令神经发生永久性的改变——这样一种学习理论，基本上与神经学和神经网络之父唐纳德·赫布（Donald Hebb）在 20 世纪 40 年代提出的理论相差无几，后者已得到实验发现的支持。

弗洛伊德认为，记忆和动机在更高层次上是不可分割的。除非与动机联合，要不然回忆缺乏力量，也缺乏意义。两者总是成双结对，正如普里布拉姆和吉尔强调的那样，在这部《大纲》中，"记忆和动机都是基于选择性促进的 psi 过程……记忆〔是〕促进作用的回溯面；

动机则是它的前瞻面"。[1]

因此，对弗洛伊德来说，尽管"回忆"（remembering）需要这样的局部神经元痕迹（如今被称为长时程增强作用），但远不止这些，它本质上是一个贯穿个人生命的动态、形变、重组的过程。在形塑认同方面，没有什么比记忆的力量更核心和更能担保个体存在的连续性。但是记忆会变化，记忆具有重构的潜力，不断地被加工和修改，事实上，它们的实质就是重新归类。对于这一点，弗洛伊德比任何人都敏锐。

阿诺德·莫德尔（Arnold Modell）在论述精神分析治疗潜力以及更广义层面上的私我的形成时，重新提出了上述观点。他引用弗洛伊德 1896 年 12 月写给弗利斯的一封信，弗洛伊德在信中使用了后遗性（Nachträglichkeit）概念，而莫德尔认为翻译成"重新铭记"（retranscription）最为贴切。

---

[1] 弗洛伊德指出，记忆和动机不可分割，由此开启了理解基于意向性的记忆幻觉的大门：何为幻觉，举例来说，某人自认为给一个人写了信，但其实并没有，他只是打算写；或者某人记得自己放了洗澡水，尽管他只是有这个打算而已。除非预先存在这类意图，否则我们不会有这种幻觉。——原注

弗洛伊德写道:

> 如你所知,我正在钻研一种假设,即我们的心
> 理机制通过一个层级化(stratification)的过程逐步
> 形成,以记忆痕迹为形式的材料,不时依据新的情
> 境接受重组(rearrangement)——重新铭记……记
> 忆不是一次而是多次形成……后续的转录代表后续
> 生命阶段取得的精神成果……我对神经症的特异之
> 处是这么解释的,在某些案例的材料之中,这种转
> 化未能发生。

由是,治疗的潜力、改变的潜力,都取决于挖掘出
这类"固着"的材料,并将其带回此刻当下、重新铭记
的创造性过程,令僵滞的个体再度成长和改变。

莫德尔认为,这样的重塑过程不仅在治疗过程中至
关重要,也是人类生活一以贯之的组成部分,无论是
日常的"更新"(这正是失语症患者无法做到的),还
是重要的(有时是灾难性的)转变,还有对演化出独
特的私我来说不可或缺的"重估一切价值"(借用尼采
的话)。

记忆无止境地建构与再建构，这是弗雷德里克·巴特利特（Frederic Bartlett）在 20 世纪 30 年代通过一系列实验研究得出的核心结论之一。在这些研究中，巴特利特清楚（且时而幽默）地展示了在重述故事时——无论对别人还是对自己——记忆是如何不断变化的。记忆从来不是简单机械的再生产，它总是个性化的、富有想象力的重构。他写道：

> 回忆并非重新激活无数固着的、毫无生气的、碎片化的痕迹。它是富于想象力的重构或者建构，形成于两种态度之间的联系，一种是我们对大量活跃的、组织化的既往反应或经验整体的态度，另一种是对略微突出的细节的态度——这些细节通常以图像或语言的形式呈现。因此，它很难真正精确，即便在最基础的死记硬背式的概述（rote recapitulation）中也一样，并且能否精确复述根本无关紧要。

自 20 世纪末叶以来，神经学和神经科学阵营开始全面转向上述动态的、建构性的大脑观，人们意识到，甚至在最基础的层面上，大脑都能建构出一套可信的假设模式或场景。比如理查德·格雷戈里（Richard Gregory）和 V. S. 拉马钱德兰（V. S. Ramachandran）都论证过的大脑"填充"盲点或暗点，以及看见不存在之物的幻视。杰拉德·埃德尔曼（Gerald Edelman）在他的神经元群选择理论中，汲取了来自神经解剖学和神经生理学、胚胎学和演化心理学、临床和实验以及合成神经建模的数据，提出了一个详细的神经生物学的心智模型。在这个模型中，大脑的核心角色正是负责重构范畴（首先是知觉，然后是概念）以及形成一个升序的过程、一种"自举算法"（bootstrapping），通过越来越高阶的重复再范畴化，最终达成意识。因此，对埃德尔曼来说，每一个知觉都是创造，每一个记忆都是再创造或再范畴化。

他意识到，这样的范畴取决于该有机体的"价值观"，也就是被弗洛伊德归为"驱力""本能""情感"的偏见与取向（部分来自先天，部分后天习得）。在这点上，弗洛伊德与埃德尔曼之间具有惊人的同调性；至少你会感觉，精神分析和神经生物学原来也可以融洽相处，和谐一致，彼此支持。将后遗性与"再范畴化"等同起来后，人类意义的世界和自然科学的世界——这两个看起来各自为政的世界，也许会流露出殊途同归的迹象。

容易犯错的记忆

1993 年，在即将迎来 60 岁生日之际，我开始体验到一个饶有兴味的现象——蛰伏了 50 年以上的早年记忆不请自来，涌涌而出。不只有记忆，还有各种心绪、思考、氛围以及伴随它们的强烈情感——尤其是关于"二战"之前我在伦敦度过的童年的记忆。有感于此，我写了两本篇幅不长的回忆录：一本关于肯辛顿南部的大科学博物馆，在我的成长过程中，它的重要性远超学校；另一本关于汉弗莱·戴维（Humphry Davy），在那些远逝的日子里，这位 19 世纪早期的化学家是我心目中的英雄，他那些描写得活灵活现的实验总是令我兴奋不已，鼓励我起而效仿。然而，简略的叙述不仅没能满足我的自传冲动，反而点燃了更大的野心。1997年，我启动了一项为期三年的写作计划，三年时间，我疏通并取回记忆，重构、提炼和寻求统合与意义，这些付出最终凝结为《钨舅舅》（*Uncle Tungsten*）一书。

我预期自己的记忆会有缺陷，部分是因为我写的那些事件发生在五十多年前，可以和我分享记忆、验查真伪的人大多已去世。还有一部分原因是，我从18岁以后才开始保存信件和日记，在那之前的记忆我没有文字可循。

我承认自己一定遗忘或遗失了相当一部分，但依然假定：当下保有的那些记忆——尤其是那些极为生动、具体和场景化的记忆，本质上是有效且可靠的。因此可以想见，当我发现有些记忆的真实性并非如我以为的那样时，我有多么震惊。

其中特别明显也是第一个引起我注意的例子，和我在《钨舅舅》中提到的炸弹事件有关。两起事件都发生在1940年到1941年的冬天，当时伦敦正在遭受闪电战的狂轰滥炸：

某天晚上，一枚 1 000 磅[1] 重的炸弹落在我们家隔壁的花园里，但幸运的是它没有爆炸。我们所有人，整条大街上的所有人似乎都偷偷跑了出来（我们一家逃去一个表亲的公寓避难），很多人还穿着睡衣，尽可能轻手轻脚地走路（任何震动都有可能触发那玩意儿？）。街上漆黑一片，因为正在实施宵禁，我们都举着手电筒，上面用红色的绉纸罩着，降低亮度。至于明天早上自家的房子还在不在，谁心里都没底。

　　另一回是一枚燃烧弹——一枚铝热炸弹落在了我们房子后面，燃烧时发出可怕的白热光。我父亲有一台手摇抽水泵，我的哥哥们给他提来了一桶又一桶水，但似乎对浇灭这团地狱之火无济于事，事实上反而让它燃烧得更为凶猛。每当水击向白热的金属时，都会发出邪恶的嘶嘶声和噼啪声，与此同时，炸弹烧化了自己的外壳，四处喷溅和抛掷着熔化的金属碎片，这里一片，那里一块。

1　1 磅 ≈ 0.45 千克。

该书出版几个月后，我和我哥哥迈克尔提起这两次爆炸事件。迈克尔比我年长 5 岁，曾和我一起待在布利菲尔德（Braefield），战争刚开始，我们就撤退到了那里的寄宿学校（我在那里度过了悲惨的四年时光，备受同学霸凌和虐待狂训导主任的欺压）。我哥立即确认了第一起爆炸事件，说"和我记忆中一模一样"。但就第二起事件，他的原话是，"你没有目睹。你当时不在场"。

　　我被迈克尔的话刺伤了。我可以毫不犹豫地在法庭上起誓，写第二起爆炸回忆的时候，我丝毫没有质疑过它的真实性。我哥怎么能质疑这样的回忆呢？

　　"你这话什么意思？"我抗议道，"这段记忆此刻仿佛就在我的眼前，老爸和他的水泵，马库斯、戴维提着他们的水桶。如果我当时不在，所有场景又怎么会历历在目？"

　　"你压根没看到，"迈克尔重复了一遍，"那时我俩远在布利菲尔德。但是戴维（我们的兄长）给我们写信说了这事儿。信写得非常生动，描述得很戏剧化。你被深深地迷住了。"显然，我不只被迷住了，而且一定在大脑里从戴维的字里行间重构了这幕场景，然后挪用了它，把它变成了我自己的记忆。

那次谈话之后，我试图比较两种记忆，一种是原初记忆，经历直接刻印其上，无可置疑；另一种是建构性记忆，或者说次发记忆。对于第一起事件，我可以感觉到自己进入了那个小男孩体内，在单薄的睡衣下抖个不停——那是 12 月，而且我被吓坏了；我的个头比周围的大人小得多，不得不昂起头才能看见他们的脸。

第二幕画面，也就是铝热炸弹那次，在我看来同样清晰——极其鲜活、详细和实实在在。我试图说服自己相信它与第一起事件有质的不同，有迹象表明我挪用了他人的经验，把这些转述从词语转化成图像。但尽管理智上知道这个记忆是虚假的，它在我眼中却依然一如既往地真实，和我自身的记忆一样强烈。[1] 我不禁揣想，它是否已经变得和原初记忆一样真实、个人化，强有力地扎根在我的心灵中（假定也扎根在我的神经系统中），仿佛已经变成了原初记忆？精神分析或者脑成像能够区

1　进一步反思之后，我无比惊讶地发现自己居然可以从不同角度将花园场景视觉化，街道场景却相对不变——总是透过一个年仅 7 岁、惊恐不已的男孩的眼睛"看到"。——原注

分这二者吗？

~ ~ ~

我的虚假炸弹体验和真实体验非常接近，如果那时我正好从学校回家里住，很可能亲身经历。我对家里的花园再熟悉不过，可以想象出花园的每一个细节。如果不是这样，我哥在信中的描述不会对我产生那么大的影响。但正因为我可以毫不费力地想象自己置身其中，还有与此相伴的感觉，就把它挪为己有了。

任何人都会在某种程度上转化经验，有时候我们并不确定某个经验是我们听说的、看到的，甚至梦到的，抑或是真实发生在我们身上的。这种情况在所谓的早期记忆中尤为常见。

我有一个两岁时的生动记忆。我拉扯我家松狮彼得的尾巴，当时它正在大厅的桌子底下啃骨头。彼得一跃而起，咬住我的脸颊，我哀号着被带到父亲的家庭手术室，在那里缝了几针。此处至少有一个客观事实：我两岁时被彼得咬过，伤疤到现在还留着。但这是我真实的记忆吗？还是有人告诉我之后，我由此建构了"记忆"，通过重复而越来越扎实地固定在我的大脑里？这个记忆看上去异常真实，与之伴随的恐惧毫无疑问也很真实，因为在这次事故之后，我对大型动物产生了恐惧——彼得的体形和两岁时的我差不多大——害怕它们会突然攻击我或咬我。

丹尼尔·夏克特（Daniel Schacter）广泛探讨了记忆扭曲以及与之伴随的来源混淆问题。他在自己的《追寻记忆》（*Searching for Memory*）[1]中，复述了一则关于里根的广为人知的逸事：

> 在 1980 年的总统选举活动中，罗纳德·里根（Ronald Reagan）不断诉说关于一名"二战"轰炸机飞行员令人心碎的故事。这名飞行员命令自己的队员在遭遇敌袭、飞机严重受损后跳伞脱出。年轻的机腹炮手受了重伤，无法撤离轰炸机。里根说出飞行员英勇的答复时几乎无法抑制眼泪："没事儿。我们一起飞下去吧。"媒体很快意识到，这则故事

1　中文版为《找寻逝去的自我——大脑、心灵和往事的记忆》，吉林人民出版社，1998 年第一版。

几乎照搬了 1944 年的电影《飞行之翼》(*Wing and a Prayer*)。显然，里根保留了事实，却忘了它们的出处。

当时，里根是一位精力充沛的 69 岁老人，即将在之后的 8 年里连任总统，直到八十多岁才确凿无疑地患上阿尔茨海默病。然而，他尽其一生嗜好表演和假扮，长期披着一层罗曼蒂克和戏精的面纱。里根复述这则故事时（对他来说，这是他的故事、他的事实，一如他感受到的那样），并不只是模仿其中的情绪，如果他接受测谎仪检查（当时还没发明出脑功能成像技术），相信他不会表现出任何故意撒谎的迹象，因为他对自己所说的话深信不疑。

意识到我们最珍视的回忆也许从来没发生过，抑或是发生在别人身上，这太颠覆认知了。

~ ~ ~

我怀疑，我的许多热情和冲动看上去完全是自发的，但实际上很可能来自别人的暗示。这些暗示有意无意地对我产生了深刻的影响，后来被遗忘了。

　　类似地，我经常就某些主题开展讲座，不知道是好事还是坏事，我永远想不起我在上一个场合里具体说了什么；我也不能忍受浏览之前做的笔记（甚至连一小时前为演讲所做的笔记也不行）。我对之前说过的话丧失有意识的记忆，结果就是我每次都会重新发现一遍主题。

　　有时候，这类遗忘会发展为自动剽窃，我发现自己会整句整段地复制说过的话，就像第一次提出一样，而且这种状况偶尔可能因为真正的遗忘而变得更为复杂。

　　回看旧笔记本时，我发现其中草拟的许多想法尘封多年之后再度苏醒，焕发新意。我猜每个人都经历过这样的遗忘，尤其是那些写作、绘画或作曲的人，因为对他们来说，创作要求遗忘，这样一来，我们的记忆和观念才能重获新生，才能从新的文脉和视角得到观照。

~ ~ ~

　　韦氏词典将"剽窃"（plagiarize）定义为"窃取他人的想法或说辞，冒充自己所创；采用……而不指明出处……犯下文辞上的盗窃罪；将有其他出处的观念或产品作为新的或原创的东西展示出来"。这个定义和潜在记忆（cryptomnesia）的定义有颇多重叠之处，最根本的区别在于：剽窃（这种广为人知并饱受谴责的行为）是有意识、有意图的，而潜在记忆并不包含这些。或许我们需要进一步理解"潜在记忆"这个术语，因为尽管可以说"无意识的剽窃"，但"剽窃"这个词本身含有太强的道德意味，太容易暗示犯罪和欺骗，即便是无意的，依然有根刺在里面。

1970 年，乔治·哈里森（George Harrison）发布了一首爆款歌曲《我恬美的主》（"My Sweet Lord"），最后被人发现和罗纳德·麦克（Ronald Mack）8 年前录制的一首歌《他是那么美好》（"He is So Fine"）高度相似。事情闹上法庭之后，哈里森被判剽窃罪成立，但是判决过程中展现了大量的心理洞见和同情。法官的总结陈词如下：

> 哈里森是否故意采用了《他是那么美好》的音乐？我不认为他这么做是有意为之。不管怎样……根据法律，这种行为是对知识产权的侵犯，即使是

出于潜意识的，也丝毫不能改变这一认定。

　　海伦·凯勒也曾被指控剽窃，当时她年仅 12 岁。[1]
尽管很小就失明失聪，在遇到安妮·沙利文之前甚至不
会说话（那时海伦 6 岁），但凯勒学会手指拼写和布莱
叶盲文之后，很快成了一名高产的作者。在她卷帙浩繁
的作品里，有一则被作为生日礼物送给友人的故事——
《冰霜国王》（"The Frost King"）。当故事兜兜转转最
终刊印在杂志上，读者很快发现，这和玛格丽特·坎比
（Margaret Canby）创作的儿童故事《冰霜仙子》（"The
Frost Fairies"）高度相似。公众对海伦立刻从崇敬转为
贬低，她被指控剽窃和故意欺诈，尽管她自己完全不记
得曾经读过坎比女士的故事。（后来她觉察到，这个故
事是别人"读"给她听的，用手指拼写在她的手掌上。）
年轻的凯勒陷入无情、残忍和义愤填膺的指控，这给她
的余生都留下了不可磨灭的伤痕。
　　但是也有为她辩护的人，其中包括被她剽窃的玛

1　多萝西·赫尔曼（Dorothy Herrmann）在凯勒的传记中，详细且饱含
同情地提到了这则逸事。——原注

格丽特·坎比。坎比震惊无比，3 年前别人写在凯勒手上的故事，居然能以这样的细节程度被记住或者说重构出来。坎比写道："多有天赋的孩子，机敏伶俐，记忆力超群！"亚历山大·格雷厄姆·贝尔（Alexander Graham Bell）也为凯勒辩护："我们最富原创性的作品无一不汲取了别人的表达。"

后来凯勒自己说过，别人拼写在她手上的书面内容尤其容易被她挪用，在那些场合下，她都是在被动接受语词。故事讲完后，她有时候无法辨识出或回忆起它们的来源，有时候甚至无法辨别它们来源于外界还是她自己原生的想法。当她用布莱叶盲文在书页间移动手指主动阅读的时候，这样的混淆就很少发生。

马克·吐温在给凯勒的一封信中写道：

噢，天哪，这场"剽窃"闹剧多么滑稽可笑，愚蠢到发人深省，简直令人难以言表！搞得好像人类的言说，无论是书面语还是口语，有什么不是剽窃的一样！……从根本上说，所有想法都是二手的，都有意识或无意识地汲取了上亿种外来的资源。

事实上，马克·吐温自己也曾犯下这种无意识的偷窃罪行，一如他在奥利弗·温德尔·霍姆斯（Oliver Wendell Holmes）70岁诞辰演讲中描述的那样：

奥利弗·温德尔·霍姆斯是我顺手牵羊的第一个伟大的文人——这就是我们开始通信的缘起。当时我的第一本书刚出炉，一个朋友对我说："卷首献词写得很棒。"我说：没错，我也这么认为。我朋友说："我一直很欣赏这段话，甚至在读到《傻子出国记》（*The Innocents Abroad*）里的这段之前就喜欢了。"

我自然而然地反问道："什么意思？你还在哪里看到过吗？"

"哦，我第一次见到是几年前，在霍姆斯博士的《在多键上弹奏的歌》（*Songs in Many Keys*）里，他题写的献词和这段一样。"

毫无疑问，我的第一反应是让他洗干净脖子等着，但是三思之后，我说我给你几分钟缓刑时间，让你有机会证实自己的主张——如果你能的话。我们走进一家书店，然后他做到了。我真的几乎逐字逐句地偷窃了那篇献词……

好吧，我当然写信给霍姆斯博士，告诉他我不是有意偷窃，然后他给我回了信，用最友善的方式告诉我，没事的、不用担心，并且补充道，他相信我们每个人都会无意识地加工自己读到和听到的观点，以为那些都是自己的原创。

他陈述了一个事实，而且是以如此令人愉悦的方式……就凭那封信，我甚至很高兴我承认了犯罪。后来我拜访了他，跟他说他可以随意使用我的任何观点，只要他认为是滋养诗歌的原浆。他可以看出我没有任何讥讽的意思；于是我们从头来过。

~ ~ ~

关于柯尔律治剽窃或者说潜在地遗忘、改述和借用的问题，学者和传记作者们津津乐道了近两个世纪，重点强调他那无与伦比的记忆力、天才的想象力，还有复杂、多样态的、偶尔令人痛苦不堪的身份认同。对此刻画得最迷人的要数理查德·霍姆斯（Richard Holmes）撰写的两卷本传记。

柯尔律治是个贪吃杂食的读者，并且似乎把所有吃进去的东西都留在了肚子里。有人形容，学生时代的他随便翻一下《泰晤士报》就能复述出整份报纸上的内容，包括所有广告在内，一字不差。霍姆斯写道："对青年时代的柯尔律治来说，这绝对称得上是一项天赋：强大的阅读能力，牢靠的记忆力，唤起和指挥他人想法的演说家才华，从任何地方收割奉养的讲师和传教士本能。"

文辞借用在17世纪司空见惯；莎士比亚从同时代许多人那里自由取用，弥尔顿也概莫能外。友情借用到了18世纪依然很常见，柯尔律治、华兹华斯、骚塞都相互借用，根据霍姆斯的说法，他们有时候甚至会以彼此的名义出版作品。

但这些在柯尔律治青年时代十分普遍、自然、戏谑的行为，逐渐披上了令人不安的外衣，尤其在转译一些德国哲学家（特别是弗里德里希·谢林）的思想时。是柯尔律治发现了他们，他仰慕他们，将他们的论说翻译成英语。柯尔律治的《文学传记》（*Biographia Literaria*）整页整页未经正式授权地从谢林那里一字不差地照搬。尽管这种不加掩饰的、破坏力极大的行为很容易被归类为"文字盗窃癖"，实际的发生过程却相当复杂而神秘，一如霍姆斯在第二卷里探讨的那样，在他看来，柯尔律治最骇人听闻的剽窃发生在其一生中最绝望艰难的时期：当时柯尔律治被华兹华斯抛弃，由于深度焦虑和智识上的自我怀疑，再加上不可自拔地依赖鸦片而陷入瘫痪。霍姆斯写道，在这个时期，"他的德国作者们提供了支持和安慰：用他自己经常写的隐喻来说，他像春藤绕橡树一样盘绕着他们"。

更早的时候，如霍姆斯描述的那样，柯尔律治还在德国作家让·保罗·里希特（Jean Paul Richter）身上发现了异乎寻常的亲近感，正是这种亲近感指引他翻译了里希特的作品，将其作为跳板，以他自己的方式阐明这些内容，在自己的笔记本里和里希特交流往来。时不时地，两个人的思想缠绕得如此紧密，难分彼此。

~~~

1996 年，我读了一篇关于新剧《莫莉·斯威尼》（*Molly Sweeney*）的评论，编剧是杰出的剧作家布莱恩·弗里尔（Brian Friel）。主角莫莉先天失明，但是中年时恢复了视力。手术后，她能够清楚地看见一切，但无法辨别任何东西：她有视觉失认症（visual agnosia），因为她的大脑从未学会"观看"。这令她恐惧、困惑，因此，最后回到原来目不视物的状态时反而松了口气。我看完后震惊不已，因为仅仅3年前，我在《纽约客》上发表过一篇极为相似的故事。[1] 事实上，当我看到弗里尔的剧本时，我惊讶地发现，除开主题的相似性之外，他还从我的病历里搬运了大量的句子和段落。当我联系弗里尔询问此事时，他甚至否认自己知道我的文章——但是，我将两者的详细对照寄给了他，看过之后，他意识到自己一定读过我的东西，但完全不记得了。他彻底糊涂了：我在文章里提到的同一批原始材料他读了许多，还相信《莫莉·斯威尼》的主题和语言是彻头彻尾的原创。他得出的结论是，不知怎的，他无意识中汲取了我的语言，还以为是自己原创。（后来他同意在剧本上添上一段鸣谢。）

1　这篇名为《看，也是不看》的文章，后被收录于拙作《火星上的人类学家》。——原注

~ ~ ~

弗洛伊德痴迷于日常生活中的说溜嘴和口误现象，以及这些现象与情绪，尤其是与无意识情绪的关系。但是他也被迫考虑发生在他某些病人身上更令人不快的记忆扭曲，特别是当他们给出的解释涉及童年时遭受的性诱惑或性虐待时。一开始他照单全收，但有些案例似乎缺乏证据或可信度，于是他开始怀疑：这样的回忆是否被幻想扭曲了，是否其中一些描述实际上纯属子虚乌有，其实是无意识虚构出来的产物，但看起来如此可信，导致病患对此深信不疑。病患告诉弗洛伊德的故事也是他们讲给自己听的，即便完全是假的，也可以对他们的生活产生强有力的影响，在弗洛伊德看来，不管是来自实际经验还是来自幻想，它们的心理现实性可能别无二致。

宾雅明·维克米斯基（Binjamin Wilkomirski）在 1995 年的回忆录《残篇》（*Fragments*）里讲述了自己作为犹太人，如何在恐怖危险的集中营里挣扎求生的一段童年往事。该书被奉为经典之作。几年后，人们发现维克米斯基出生于瑞士而不是波兰，既不是犹太人，也从未进过集中营。整本书就是一个宏大的虚构故事。[1999 年，埃琳娜·拉平（Elena Lappin）在《格兰塔》（*Granta*）上发过文章描述过此事。]

尽管被指斥为骗局、惹来众怒，然而经过深入调查，人们发现维克米斯基似乎并非故意要欺骗他的读者（事实上，他一开始并未打算出版）。他沉浸在浪漫改造童年记忆的这项个人事业里，明显是在回应他 7 岁时被母亲抛弃的经历。

显然，维克米斯基的主要意图是欺骗自己。当他被迫直面真正的历史事实时，他的反应是困惑不解。至此，他已经完全迷失在自己的虚构里了。

~ ~ ~

关于所谓"被压抑的记忆"已有大量讨论——创伤性记忆被防御性地压抑，然后通过治疗从压抑中释放出来。其中尤为黑暗诡异的形式可见于对撒旦式仪式的种种描述，经常伴有胁迫性的性行为。这种指控不知毁了多少人的生活和家庭。但现已证明，至少在某些案例中，这样的描述很可能是别人暗示或植入的。易受影响的目击者（通常是儿童）和权威人士（可能是治疗师、社工或者调查员）是高频出现的组合，威力尤其大。

从异端审判、"萨勒姆猎巫事件"[1]、20世纪30年代的苏联冤案，到阿布格莱布监狱虐囚事件，各式各样的"极端审讯"或者说彻头彻尾的身心折磨，为了套取宗教或政治上的"坦白"无所不用其极。设计和安排这类调查，最初可能是为了套取信息，但它的深层动机是洗脑，使大脑发生真实的改变，将别人灌输的东西和自我构罪的记忆填充进去，最终可能取得骇人的成效。（关于这一点，没有比奥威尔的《1984》更切题的了。在小说结尾处，温斯顿不堪重负彻底崩溃，背叛了茱莉亚，背叛了自己和所有的理想，也背叛了自己的记忆和判断，最终爱上了老大哥。）

然而，或许无须下此狠手也能影响某人的记忆。目击者证词既容易受暗示影响，也容易出错，经常导致冤假错案的悲惨结果，如今已声名狼藉。如今借由DNA

1　萨勒姆镇（Salem）位于美国新英格兰地区。1692年至1693年期间曾进行过一场声名狼藉的女巫审判。如今以"女巫镇"闻名，每年万圣节都会吸引世界各地的游客前去观光。

检测，我们可以证实或证伪这类证言。夏克特注意到："最近分析的 40 个有 DNA 证据、被证实为冤假错案的案例中，有 36 例（90%）与目击证人的误认有关。"[1]

如果说最近几十年见证了模糊记忆和分离性身份识别障碍（旧称多重人格障碍）病例的激增或者说复现，它们还将我们引向记忆可塑性的重要研究（法医学的、理论的或实验的）。心理学家和记忆研究者伊丽莎白·洛夫特斯（Elizabeth Loftus）记录了一次记忆植入实验，结果成功到令人不安：研究人员仅仅通过暗示将错误的记忆植入被试，使他经历了一次虚构的事件。像这样由心理学家发明的伪事件程度不一，从滑稽、略微令人不快（比如，成了在商场里迷路的小孩）到情节较为严重（成了被动物或另一个小孩攻击的受害者）。被试一开始略表怀疑（"我从来没在商场迷过路"），渐渐开始变得不那么确定，随后可能过渡到一种深信无疑的状态，甚至在实验人员坦承这样的事情一开始就从未发

1　希区柯克的电影《申冤记》(*The Wrong Man*，他执导的唯一一部非虚构电影)，记录了目击者证词的错误指认带来的可怕后果（对证人的"引导"以及意外的相似性在其中扮演了关键的角色）。——原注

生之后，被试依然坚信被植入记忆的真实性。

想象出来的或真实经历的童年受虐、真实的或在实验中被植入的记忆、被误导的证人和被洗脑的囚犯、无意识的剽窃，抑或是我们所有人基于错误归因或来源混淆而导致的虚假记忆——这些例子中有一点确凿无疑，即在外部确认缺失的情况下，我们很难区分某些记忆或灵感究竟是真的，还是借来的或被暗示的。用唐纳德·斯彭斯（Donald Spence）的话说，很难区分"历史真实"和"叙事真实"。

即便揭示出虚假记忆背后的机制（一如燃烧弹事件中，我在我哥的帮助下所做的那样；或者像洛夫特斯那样，坦白告诉被试他们的记忆是被植入的），也许依然不能改变这类记忆具有的身临其境感，或者说"真实"感。基于同样的原因，某些记忆带有的明显的矛盾或荒谬之处也不会改变我们的确信感或信念。绝大部分情况下，那些宣称自己被外星人绑架的人在述说经历时不是在说谎，也不是故意要编造一个故事——他们真心相信这就是实际发生过的事情。[在《幻觉》（Hallucinations）一书中，我描述了幻觉——无论其成因是感官剥夺、疲劳还是其他——是如何被视为真实

的，部分是因为它们和"真实"的感知都涉及同样的知觉路径。〕

一旦这样的故事或记忆被建构出来，伴随着鲜活生动的感官意象和强烈的情绪，我们既不能依靠内在的心理途径，也不能依靠外在的神经途径来辨别真假。这类记忆的生理关联可通过脑功能成像技术加以检验。这些影像表明，鲜活的记忆会广泛地激活多个脑区，包括感觉区域、情绪区域（边缘系统）和执行区域（额叶）等——无论"记忆"是否基于亲身经历所产生，基本上都遵循这一模式。

如此看来，似乎我们的心智或大脑不具备任何机制来帮助我们确保回忆里的就是事实，或者至少确保其真实性。我们缺乏直抵历史真实的通道，而某个记忆是否被我们感知或者断言为真实（这方面海伦·凯勒很有资格一论），取决于感官，也在同等程度上取决于想象。生活中发生的事情不可能直接输进或录入我们的大脑，而是以一种高度主观化的方式被体验和建构。首先它们因人而异，并且每次回溯时，都会以不同的方式被重新解释和经历一遍。我们唯一拥有的真实是叙事真实，是我们对彼此诉说也对自己诉说、不断被重新归类和提炼的故事。这种主观性内嵌在记忆的特质之中，并且严格遵循记忆在大脑中的形成基础和运作机制。神奇的是，记忆相对很少发生严重的偏差，大部分时候还是坚实可靠的。

身为人类，我们与生俱来的记忆能力容易犯错，脆弱又不完美，但同时具有极大的可塑性和创造性。对来源的混淆或漠不关心，也可以构成一种悖论式的优势：假如可以标记所有知识的来源，我们很有可能会被无关紧要的信息淹没。正因为漠视来源，我们才能"亲历"从书本上得来或从别处听来之事，将他人的所言、所思、所写、所绘化为己有。它允许我们用他人的眼睛和耳朵去看、去听，进入别人的大脑，吸收整个文化的艺术、科学和宗教，成为共通心智（common mind）和知识大同世界的一部分。记忆不仅生发于经验，也诞生于众多心灵的交流往来。

误　听

　　数周之前，我的朋友凯特对我说："我要去唱诗班练习了。"我很惊讶。在我们相识的 30 年中，我从未听她表达过对唱歌感兴趣。但我心想，谁知道呢？或许她一直对自己的这一部分秘而不宣；或许是刚发展出来的兴趣；或许她儿子在唱诗班；或许……

　　我的假想无限丰饶，但一刻未曾想过可能是我听错了。直到她回来，我才发现她是去了指压师[1]那里。

1　"去唱诗班练习"（choir practice）、"指压师"（chiropractor）和"爆竹"（firecracker），这三者的英文发音相近。保障阅读流畅起见，文中遇到同类情况时不再展开解释。

几天后，凯特开玩笑地说："我出发去唱诗班练习了。"我再次困惑不已：爆竹？她为什么说到爆竹？

随着耳聋问题不断加重，我越来越容易误听别人的话，尽管这种状况很难预测；有时一天中能发生20次之多，有时一次也没有。我仔细地把它们记录在一本标记为"听觉倒错"（PARACUSES，意为篡改别人的话，尤其是误听）的红色小本子上。我（用红色笔）把我听到的话记在一页纸上，然后在反面（用绿色笔）写下别人实际所说的话，还会（用紫色笔）记录下别人对我误听的反应，以及我为了理解那些荒谬无稽的话所做的牵强附会的假设。

自1901年弗洛伊德出版《日常生活的心理分析》之后，类似这样的误读、口误、失误行为、脱口而出、误听，都被视为"弗洛伊德现象"，体现了被深度压抑的感觉和冲突。但是，尽管偶尔会有令我面红耳赤、羞于示人的误听，其中的绝大部分并不适合套用任何过于简化的弗洛伊德主义解释。然而，在几乎所有的误听中，都有一个相似的总体声音（overall sound），相似的音声格式塔，将我听见的话和别人所说的话连接起来。语法结构通常不会听岔，但于事无补；误听仿佛要把意义倾覆，即便保留了句子的总体形式，还是要用音位上相近，但毫无意义或者荒谬的声音形式淹没它。

咬字不清、不寻常的口音或者传递不畅，这些都可能误导自身的感知。大多数误听是将一个实际存在的单词取代另一个，无论意思有多荒谬或牛头不对马嘴，但有时候大脑会蹦出一个新词。当一个朋友在电话上告诉我他的孩子病了时，我把"扁桃体炎"听成"半导体炎"，这令我十分困惑。这是某种罕见的临床综合征吗，一种我从未听说过的炎症？完全没有想到我自己发明了一个不存在的单词——事实上是一种不存在的状况。

每次误听都是一次崭新的连接。第一百次误听依然和第一次误听的感觉一样，新鲜又惊奇。我往往很晚才察觉自己原来是误听了，而且我会使出浑身解数、极尽曲折地解释我误听的东西，尽管我在误听发生的当下本应该立即辨别出来。如果听到的东西很有说服力，我们很可能并不认为那是误听；只有当它们很不可信或者特别脱线时，我们才会察觉"不可能是这样"，（带着一丝尴尬地）要求对方把之前说过的话再重复一遍，正如我经常做的那样，甚至让对方逐字拼读我误听的单词或句子。

然而，当初凯特说她要去唱诗班练习时，我接受了这个"事实"：她确实有可能去唱诗班练习。但是某天当另一个朋友提到"一只大红大紫的乌贼被诊断患了 ALS[1]"时，我觉得自己一定是听错了。头足纲动物拥有精细的神经系统，这没错，我甚至有一瞬间觉得乌贼确实有可能患上 ALS。但要说乌贼"大红大紫"，那就非常荒谬了。（最后真相大白，原来是"一位大红大紫的公关"。）

　　误听看似无关紧要，其实能帮助我们从预期之外的角度切入知觉的特质——尤其是对言语的知觉。首先，最不同寻常的地方在于，它们是以清晰无误的词语或短句的形式呈现出来的，而非含糊的音团。是听错，而不是听不出。

　　误听不是幻听，但和幻听一样，误听也调用了正常的知觉通道，披上了真实的外衣——我们从未想过要质疑它们。然而，由于我们所有的知觉都是大脑从贫瘠、模糊的感知数据中建构出来的，出错或受骗的可能性始终存在。事实上，我们的感知通常不会出错，考虑到这

1　即肌萎缩侧索硬化。

些知觉是近乎瞬时被快速建构出来的，这本身就堪称奇迹。

我们周围的环境，我们的希望和期待，这些条件可能共同造就了误听，无论是有意识还是无意识。但是，真正的混淆其实发生在更低的层级，在涉及音位分析和解码的脑区中。对大脑的这部分来说，只能尽可能利用通过耳朵听来的被扭曲的或者匮乏的信息，造出真正的单词或句子，不管搭配出来多么荒唐。

我经常误听单词，但很少误听音乐：音符、旋律、和声、乐段自始至终都清晰丰富（虽然我经常误听歌词）。显然，即便不具备完美的听力，大脑处理音乐的方式中一定有某种东西使其稳固恒久；相对地，日常口语中也有某种特质使其无力对抗匮乏和扭曲。

演奏或者甚至聆听音乐（至少在传统配乐中）都不仅涉及对音调和旋律的分析，程序记忆（procedural memory）和大脑中的情感中心也参与其中；音乐片段被存储在记忆中，让我们能够有所预期。

但是，言语必须经过大脑其他系统解码，包括负责语义记忆和语法的系统。言语是开放的，独创的，即兴发挥的，富含暧昧性与意义。这里有相当大的自由发挥空间，使口语具有几近无限的可塑性和适应性，但同时也使它对误听缺乏抵抗力。

那么，弗洛伊德关于说溜嘴和误听的解释完全错了吗？当然不是。他主要考量的是那些没有呈现在意识中或被逐出意识之外的愿望、恐惧、动机和冲突，这些会润色脱口而出的话、误听或误读。但是，他或许同样会坚持，错觉完全是无意识动机的结果。

过去几年来无差别收集误听的经验使我不得不思考，弗洛伊德是否低估了神经机制的力量，当其结合语言的开放性和不可预料的特质时，就足以捣乱意义。由此生成的误听既无关谈话的前后脉络，也无关潜意识动机。

然而，这些即时性的发明中，通常带有某种风格，饱含机智——"神来一笔"；某种程度上，它们反映出的个人旨趣和经验，让我颇为受用。只有在误听的领域里（至少在我的经验里），一部关于癌症的传记才会成为康托尔［格奥尔格·康托尔（Georg Cantor），我最喜爱的数学家之一］，塔罗牌会成为翼足类，购物袋成了诗歌袋，"全或无"成了"口腔麻木"，门廊成了保时捷，随口提到圣诞夜变成了命令对方"吻我的脚"。

创造性自我

所有孩子都沉迷于游戏，这既是重复和模仿，也是探索和创造。他们同时被熟悉之物和不同寻常之物吸引——一边牢牢锚定在已知和确认之物上，一边渴求新鲜和从未经历过的东西。儿童对知识和领悟、对精神食粮和刺激怀有一种原生的饥渴。他们不需要被说动或者"被鼓动"才会去玩、去探索，因为和所有富有创意或原创性的活动一样，玩本身就能让人发自内心地愉悦。

创新冲动与模仿冲动在假装游戏中合二为一，这种游戏的玩法通常是用玩具、玩偶或者真实世界的微缩模型来演绎新的场景，也可以彩排或重演旧的场景。儿童被叙事吸引，不仅向别人索求故事、品味故事，也自己编造故事。讲故事和制造神话是人类特有的行为，是我们理解世界的基本手段。

　　缺乏基本的知识和技能，智性、想象力、天赋、创意将无用武之地，也正因为如此，教育必须充分结构化，有的放矢。但是教育如果太过僵硬和形式化、缺乏叙事性，就会抹杀儿童一度活跃和充满好奇心的大脑。教育必须在结构和自由之间取得平衡，不同儿童的需求可能有着天壤之别。有些年轻的心灵可以在良好的教育下茁壮成长。有些儿童（包括最有创造力的那些）可能会抵制程式化的教育，他们本质上是自学者，永无餍足地渴求以自己的方式学习和探索。大多数儿童在这个过程中会经历几个阶段，在不同的阶段或多或少需要结构化，同时也需要或多或少的自由。

　　尽管贪婪地吸收同化和模仿各种模型本身不是创造，但往往预告了未来的创造力。艺术、音乐、电影和文学可以为我们提供一种特殊的教育，丝毫不逊于知识和信息，这就是阿诺德·温斯坦[1]所说的"感同身受地沉

1　阿诺德·温斯坦（Arnold Weinstein），出生于 1940 年，美国文学学者，布朗大学比较文学系特聘教授。

浸在他人的生命中，由此获得新的眼睛和耳朵"。

对我这代人来说，这种沉浸主要通过阅读实现。苏珊·桑塔格在 2002 年的一次研讨会上，谈到阅读如何在她年幼时为她打开了整个世界，延展了想象力和记忆的地平线，远远超越自己实际的、直接的个人经验。她这样回忆道：

> 我五六岁就阅读了艾芙·居里（Eve Curie）给她母亲写的传记。漫画、字典、百科全书，我一视同仁，全都读得津津有味……就好像我吸收的东西越多，我就变得越强，看出来的世界就越博大辽阔……从一开始，我就认为自己是一个天分极高的学生，一个天分极高的学习者，一个顶尖的自学儿童……这是创造吗？不，这不是创造……［但是］并不妨碍它之后变成创造……我狼吞虎咽，而不是勤于产出。我是一个精神上的漫游者，精神上的贪食者。我的童年，除了悲惨的现实生活之外，唯以狂喜为业。

这段话里令人印象最深刻的是其中蕴含的能量，那饥渴难耐，那热情如火，还有爱。凭着这些，年轻的心灵向往所有能够滋养它的东西，寻求知性或其他方面的楷模，通过模仿来磨砺自己的技能。

她广纳博览的知识来自其他时空，关乎人类本性和经验的多样性，这些观照事物的角度在激发她本人的写作上扮演了极为重要的角色：

> 我大约 7 岁时开始写作。8 岁时我办了一份报纸，填入故事、诗歌、戏剧和文章，以每份 5 分钱的价格卖给左邻右舍。我担保它很平庸，因循守旧，单纯地编编东西，受各种东西影响，其中就有我当时正在阅读的书……我当然有楷模，有一整座万神殿……如果我在读爱伦·坡的小说，我就会写出爱伦·坡风格的小说……我 10 岁的时候，卡雷尔·恰佩克（Karel Čapek）一部被遗忘很久的关于机器人的剧本 *R.U.R*[1] 正巧落到我手上，于是我写了一部关于机器人的戏。但这完全是衍生品。我读什么就爱什么，只要爱上就会想要模仿——这未必是

---

1 即"罗素姆的万能机器人"的缩写。

通向真正的创新或创造性的正道；但就我所知，也
不会妨碍它到达那里……我 13 岁时就开始成为一名
真正的作家。

　　桑塔格的早慧和天纵奇才使她连跳几级，小小年纪
就跻身"真正的"写作世界。对大多数人来说，要经历
更长时间的模仿、见习期和学徒阶段才能达到这个段位。
这是一段挣扎着发现自己的力量、自己的声音的时期，
是一段实践和重复、精纯技艺并使之臻于完美的时期。
　　有些人经过这样的见习期，可能会一直停留在精纯
技艺的阶段，再未能进阶到重大创新的层次。即便从时
间上拉开一段距离回看，我们也很难判断，从有天分同
时又是衍生物的作品跃升到重要创新，这个转变究竟发
生在何时？该在哪里划下界限，来分隔影响和模仿？是
什么把创造性的吸收、挪用和亲身体验的深度纠缠，与
单纯的模拟区别开来？

                       ~ ~ ~

　　"模拟"一词可能暗含某种意识或意图，但模仿、回

映（echoing）、镜像是能在所有人类以及许多其他动物（所以才会有诸如"鹦鹉学舌""沐猴而冠"这样的词语）身上看到的普遍心理（事实上也是生理）倾向。对一个婴儿吐舌头，他就会镜像这个行为，即便此时他还不能很好地控制自己的肢体或者形成较为完整的身体意象——终此一生，这种镜像反应始终是我们重要的学习模式。

梅林·唐纳德（Merlin Donald）在《现代心灵的起源》（*Origins of the Modern Mind*）中将"模拟文化"视为文化演化与认知演化中的一个关键阶段。他在模拟（mimicry）、模仿（imitation）和拟仿（mimesis）之间做出了明确的区分：

> 模拟的特点是一板一眼，尽可能分毫不差地还原。因此，完全复刻某个面部表情，或像鹦鹉那样完全复制另一只鸟的叫声，这些都是模拟……模仿没有模拟那样刻板；子代复制亲代的行为，模仿而非模拟父母的行为方式……拟仿在模仿的基础上增加了表征的维度。它通常将模拟和模仿结合到一个更高的目的上，也就是将事件或关系重演出来。

唐纳德认为，模拟存在于许多动物之中；猴子和类人猿更多是模仿；拟仿则是人类独有的。但是，这三种状态可以在我们身上共存或重叠——一种表现，一个行为，都可能同时具备这三种要素。

在某些神经条件下，模拟和复制的力量或许会被放大，或者更少受到抑制。患有图雷特综合征、自闭症或某种大脑前额叶损伤的病人，可能会无法抑制地镜像或回映他人的言语与行为；有时候回映的可能是声音，甚至是环境中毫无意义的声音。在《错把妻子当帽子》里，我描述了一位患图雷特综合征的女性，她走在大街上会回映或模仿车头那个牙套似的水箱罩和状似绞架的路灯，还有过路行人的姿势和步态——通常带有某种漫画式的夸张。

有些自闭症学者[1]（或称学者症候群患者）拥有异乎常人的视像化和复述能力。我在《火星上的人类学家》里详细描述过的斯蒂芬·威尔特希尔（Stephen Wiltshire）就是一个显著的例子。斯蒂芬是个视觉学

1　有认知障碍但在某方面拥有超常能力的人。

者，在捕捉视觉相似性上有惊人的天赋。无论现实生活中有没有参照、无论当场发生还是事隔很久，在他这里区别都不大，感知和记忆似乎不可分割。他还有一对天赋异禀的耳朵；小时候，他会回映噪音和话语，好像没有任何意图，也没有自我意识。青年时代，他去了一趟日本，回来后开始发出"日式"噪音，胡诌着假日语，做出各种"日式"手势。他可以模仿任何他听过的乐器，拥有高度精确的音乐记忆。斯蒂芬 16 岁时，有一次我很惊讶地听到他假唱汤姆·琼斯[1]的《不足为奇》（"It's Not Unusual"）：只见他摇晃屁股，舞动着，比画着，把想象出来的麦克风握在手里递到嘴边。在这个年纪，斯蒂芬通常不太显露情绪，经典自闭症的外在表现他都有：歪脖子、抽动、茫然无焦点的视线。但是，这些在他唱起汤姆·琼斯的歌时统统消失了——消失得如此彻底，让我不禁怀疑：他是否已经以某种神秘离奇的方式超越了模拟，真正与这首歌的情绪和情感产生了共鸣？这让我想起在加拿大遇到的一个自闭症男孩，他

1　汤姆·琼斯（Tom Jones）生于 1940 年，英国威尔士歌手，大英帝国勋章获得者，累积唱片销量突破一亿张。

在心里记下一整部电视剧，每天都要"重播"好几次，配上所有的对白和动作，甚至连掌声也不落下。我曾把这看作一种自动的浅层复刻，但是斯蒂芬的表演令我困惑沉思。难道他已经从模拟进入了创造或者说艺术层面？他是有意识地或者有意图地共享了这首歌的情绪和情感，还是单纯地复制——又或是介于两者之间？[1]

另一个自闭症学者（也出现在《错把妻子当帽子》里）经常被医院员工描述为复印机。这不公平，有点儿侮辱人，而且不准确，因为学者症候群患者记忆中所保留的细节完全不能与机器式的记忆相提并论；这里涉及对视觉特征、言语特征、姿态特异性等的区别和辨认。但是，从某种程度上说，这些东西内含的"意义"没有被完全吸纳，所以和我们的记忆相比，学者症候群患者

的记忆看起来更为机械。

~ ~ ~

如果说模仿对艺术表演很重要，那是因为在这个领域里，坚持不懈地练习、重复和彩排至关重要，对绘画、作曲或写作领域来说同样如此。所有年轻的艺术家在学徒阶段都曾寻慕楷模，从他们的风格、匠艺和创意中得益精进。年轻的画家可能流连于大都会博物馆和卢浮宫的画廊，年轻的作曲家可能会去听演奏会或精研乐谱。从这个意义上说，所有的艺术都是作为"衍生物"开始的，就算不是直接模仿和改写，也深受其慕仿对象的濡染和影响。

亚历山大·蒲柏（Alexander Pope）13 岁那年曾求问于威廉·沃尔什（William Walsh），他很敬仰这位比自己年长的诗人。沃尔什对蒲柏提出的建议是"准确"。对此，蒲柏的理解是，他首先应当掌握诗歌的形式和技术。为了达到这个目的，他列了一个"英国诗人模仿"计划，最先选择的就是沃尔什，继而是亚伯拉罕·考利（Abraham Cowley）、罗切斯特伯爵，还有乔叟、斯宾塞这样更重量级的诗人；还有一种类型的作品，他称之为对其他拉丁语诗人的"意译"（Paraphrases）。17岁时，蒲柏已经掌握了英雄双行体，着手创作他的"田园诗"及其他作品，在其中发展和锤炼自己的风格，但止步于最乏味或最陈词滥调的主题。只有在能够自如地运用诗歌的风格和形式之后，他才开始加入那些精妙绝伦、有时候甚至令人惊叹的想象力的产物。或许对大多数艺术家来说，这些阶段或过程重叠的部分颇多，但是只有先模仿形式或技术，并打磨精通，才有可能做出重大创新。

然而，即便是经年累月的准备和磨砺，天纵之才是否能够实现他的天赋依然是未定的。[1]无论是艺术家、科学家，还是厨师、教师或工程师，许多创意工作者达到一定水平之后，余生安于一技或者严守边界，绝不会

1　诺伯特·威纳（Norbert Wiener，1894—1964），14岁从哈佛获得本科学位后继续攻读博士，一生都是神童。他在自传《昔日神童》（*Ex-Prodigy*）中记述了自己的同辈：威廉·詹姆斯·西季斯（William James Sidis）。西季斯（名字取自他的教父威廉·詹姆斯）是一个精通多国语言的数学天才，11岁就进了哈佛。但16岁时，或许是因为不堪其天赋和社会期待带来的压力，他放弃了数学，从此绝迹于公共与学术生活。——原注

破旧迎新。即使没有再进一步到达"重大"创新的境界，他们的作品依然会展现出技术上的圆熟甚至精纯，令人欣悦。

有很多关于"微小"创新的例子，指的是那种最初被表达出来之后，其特征不会有显著改变的创造。亚瑟·柯南·道尔写于 1887 年的《血字的研究》是一桩了不起的成就，也是夏洛克·福尔摩斯系列的第一本，在此之前从未有过这样的"侦探故事"。[1] 5 年之后，《夏洛克·福尔摩斯探案集》获得空前的成功，柯南·道尔发现自己打造了一部具有无限延展性的系列作品。这让他既高兴，又有点羞恼，因为他还想写历史小说，但公众对此兴趣缺缺。他们想要福尔摩斯，想要更多的福尔摩斯，作者必须提供。柯南·道尔甚至已经在《最后一案》中杀死福尔摩斯，把他送去莱辛巴赫大瀑布与莫里亚蒂决一死战，但公众坚持让福尔摩斯复活，于是柯南·道尔也真的在 1905 年的《福尔摩斯归来记》里让

1　那时市面上还有爱伦·坡的"杜宾系列"（比如《莫格街谋杀案》），但都不具备福尔摩斯和华生那样的个人特征与丰富鲜明的个性塑造。——原注

他复活回归了。

就手段、心智和个性而论，福尔摩斯没有太大的进步；他没有老去的迹象。没有案子的时候，福尔摩斯这个人几乎不存在——或者不如说，以一种退避的方式存在：拨拉他的小提琴，吞吐可卡因，倒腾他那些恶臭难当的实验——直到下一个案子召唤他出场。那些发生在20世纪20年代的故事可能是19世纪90年代写的，而那些写于19世纪90年代的故事即便放到以后也不会过时。福尔摩斯的伦敦和他本人一样一成不变，皆脱胎于19世纪90年代。柯南·道尔自己也在1928年出版的《福尔摩斯短篇探案集》的序言里写道：读者可"以任意顺序"阅读这些故事。

~ ~ ~

每100个在朱丽叶音乐学院学习或者在各大实验室受业于名师的青年才俊中，为什么只有极少数可以谱写出令人难忘的乐曲或者做出重大的科学发现？是否其中大多数人尽管拥有天分，却缺乏进阶的创造灵感？他们欠缺的是否不是创造力，而是那些对获得创造性成果来说不可或缺的特质——比如大胆、自信、独立思考？

习惯于固守成规之后，若想开辟新的道路，光有创造潜能是不够的，还要求具备一种特殊的精气神，一种特殊的蛮勇或叛逆。这是赌博，和所有创造性计划一样，因为这个新方向上很可能不会结出任何果实。

创造不仅要求经年累月有意识的训练和准备，还有无意识的准备。这段酝酿期是必不可少的，这是为了把个人受到的影响和资源吸收并同化到潜意识里，经过重新组织之后，转化成自己的东西。在瓦格纳《黎恩济》（Rienzi）的前奏曲里，你几乎可以完整地追溯这个过程。那里有对罗西尼、梅耶贝尔、舒曼以及其他人的回映、模仿、意译和拼贴。然后，猝不及防地，你听见了瓦格纳自己的声音：如此有力，如此与众不同（尽管在我看来是可怕的），一个天才的声音，前无古人、横空出世。照搬挪用与吸收同化，关键区别在于深度，在于意义，在于积极的个体化的投入。

~ ~ ~

1982 年初，我意外收到一个从伦敦发来的包裹，里面有一封哈罗德·品特[1]的信，还有新剧《一种阿拉斯加》（*A Kind of Alaska*）的手稿，据他说灵感得自我在《苏醒》里写到的某个病例。品特在信中说他1973年就读了该书的初版，立刻开始琢磨把它改编成戏剧可能遇到哪些问题，但因为当时没有想到好的解决方案，就把这事儿给忘了。8年后的某天早上，他带着这部剧的第一幅画面、第一个句子（"有些事在悄然进行"）的清晰烙印醒来。接下去的日子里，这部剧开始"自动书写"。

我情不自禁地拿它和一部我4年前收到的剧本（灵感得自同一个病例）做比较，那位作者在一同寄来的信里说，他两个月前读了《苏醒》，表示"深受影响""极为着迷"，令他不由自主地想要马上动手写剧本。我很喜欢品特那部戏，尤其是它引发了这样深刻的变形，将我的主题"品特化"了。但1978年的那个剧本我感觉总体上是衍生性的，因为它有时候会从我的书里整句整句地照搬，连应付一下的改动都没有。在我看来，它不像一部原创戏剧，更像是抄袭、山寨或者戏仿（虽然作

1　哈罗德·品特（Harold Pinter，1930—2008），英国剧作家、剧场导演，2005年诺贝尔文学奖获得者。

者的"着迷"或者说好意是毋庸置疑的）。

我不确定该怎么理解这件事。是因为偷懒、缺乏天分或原创性，所以才没有对我的作品进行必要的改动？抑或是，这本质上是个酝酿期的问题，他没有给自己足够的时间让阅读《苏醒》的体验沉淀下来？他也没有给自己足够的时间忘记它，让它沉入无意识，在那里与其他经验和思想连接起来。

从某种意义上说，我们所有人都是周围文化的产物。观念散布在空气中，我们经常会在没有意识到的情况下挪用时代特有的表达和语言。我们借用语言，而不是发明语言。我们发现它，慢慢长成它的样子，尽管我们可能以高度个人化的方式使用它、诠释它。问题的关键并不在于事实上的"借用"或者"模仿"，而在于如何利用借用、模仿和汲取的东西，在于吸收到多深的程度，与自己的经验、感受和思想融合，与自我关联，用全新的、属于自己的方式加以表达。

~ ~ ~

在获得深刻的科学或数理洞察之前，时间、"遗忘"

和酝酿是同等重要的先决条件。伟大的数学家亨利·庞加莱（Henri Poincaré）在他的自传里回忆如何与一个特别困难的数学问题角力，却因徒劳无功而深感绝望。[1]他决定休息一下，来一趟地质之旅，将注意力从数学问题上引开。然而有一天，他写道：

> 我们上了一辆马车，准备去某个地方。就在我踩上踏板的瞬间，突然灵光一闪，在此之前没有任何铺垫：我以前用来定义富克斯函数的变换，等价于那些非欧几何的变换。我没有验证我的想法；我应该没那个时间，因为……我接着一段已经开始的谈话继续聊着，但是心中无比确定。回卡昂的路上，为求心安，我抽空核实了结果。

过了一阵，他去了海边，又"假装"在另一个问题上碰了钉子，他在那里写道：

1　参见雅克·阿达玛（Jacques Hadamard）在《数学领域中的发明心理学》（*Psychology of Invention in the Mathematical Field*）中的引述。——原注

一天早上，在悬崖边散步时，一个想法浮上心头，同样具有简洁、突然以及即刻确定的性质：不定三元二次型的算术转换和非欧几何的算术转换完全一致。

很明显，就像庞加莱所写的那样，一定存在积极的、密集的无意识（或者说潜意识、前意识）活动，哪怕在问题完全被抛诸脑后，头脑一片空白，抑或是被其他事情分心的时候。这不是动力论的无意识，或者"弗洛伊德式"的无意识——抑制不住地翻腾着被压抑的恐惧和欲望；也不是"认知论"上的无意识，让我们在没有意识到自己如何做到的情况下开车，或者说出符合语法的句子。庞加莱的无意识，是完全隐蔽的创造性自我在酝酿如何完成高难度的任务。庞加莱向这个无意识的自我致敬："它并非纯粹自动；它明察秋毫……它懂得择选，神机妙算……它比有意识的自我更灵通，因为它在失败之处成功。"

一个问题酝酿许久，答案突然袭上心头，这种情况有时候可能出现在梦中，或者半清醒的状态下，比如临睡前一刻或醒来不久，此时的思维怪异地自由发散，有时还伴有这种状态下常见的近乎谵妄的意象。庞加莱写道，一天晚上，就在这种浑浑蒙蒙中，他似乎看到一个个念头在眼前移动，像一种气体的分子，偶尔相互碰撞、两两结对，扣连在一起形成更复杂的观点——眼前这幅罕见的景象（尽管有人描述过类似的景象，尤其是在药物引发的状态下）就是通常不可见的创造性无意识过程。

瓦格纳也为我们生动地描述了《莱茵的黄金》（*Das Rheingold*）的序曲是如何由来的。当时他也处在一种古怪的、半谵妄的昏蒙状态之下，经过漫长的等待，灵感翩然降临：

> 熬过激情无眠的一夜，第二天我强迫自己在重峦叠嶂、满布松树的乡间久久地散步……下午回来后，我在坚硬的沙发上摊开手脚，累得半死……就在这昏沉蒙眬中，我突然感觉自己沉入了湍急的水流。冲刷的水声在我的大脑里变成了音乐，降E大调和弦，持续不断地搅碎打散，重重回响；这些破碎的形式似乎是节奏不断变快的旋律乐段，虽然那个纯粹的降E大调

三和弦始终不变，但它的连绵不绝仿佛在我沉入其中的元素上附加了无穷的意义……我立刻辨认出"莱茵的黄金"的管弦乐前奏曲，长久以来一直潜藏在我心里……此刻终于向我展露真貌。[1]

~ ~ ~

我们是否能够利用某种尚未发明出来的脑功能成像技术，来区分自闭症学者的模仿或拟仿与瓦格纳那样的深层意识和无意识之间的转换？逐字记忆（verbatim memory）在神经学意义上是否不同于深度的、普鲁斯特式的记忆？我们是否可以证明，某些记忆对大脑发

---

[1] 像这样在梦中突然得到科学发现的故事有很多，有些很典型，有些可能被神化了。伟大的俄国化学家门捷列夫据说是在梦中发现了元素周期表，醒来后立刻草草记在一个信封上。信封是真实存在的，目前看来，这个故事或许是真的。但是这让人误以为天才的灵光仿佛信手拈来，而事实上，自 1860 年在卡尔斯鲁厄参加学术交流会之后，门捷列夫有意识或无意识地在这个课题里浸淫了至少 9 年。他显然完全被这个难题迷住了，在横贯俄国大地的火车上，他把大把的时间花在一套特制的卡片上，在上面写下每一个元素和它的原子量，玩着把元素打乱、整理再重组的"化学纸牌"游戏。然而，最终的成果是在他没有刻意寻求的时候降临的。——原注

展和脑回路的影响微乎其微,某些创伤性记忆却固着下来、持续活跃,另一些记忆则变得整合贯通,在大脑中引发了深刻的、创造性的发展?

在我看来,创造就是这样一种状态:想法在其中化为湍流,致密迅捷,伴随着无与伦比的清晰度和意义涌现的感觉。创造在生理上也有显著的特征。我认为,如果我们有能力开发出更高清的脑成像技术,可以从上面看到由无数连接和同步构成的不同寻常且分布广泛的活动。

在这样的时刻,在我写作的当下,思想仿佛自动连贯起来,即时披上恰当的言语外衣。我仿佛可以绕开或越过自己的大部分人格特质,我的神经症。它可以不是我,同时又是我内在最核心的部分,无疑也是最好的部分。

一般意义上的不适

　　无论是大象还是原生动物，对有机体的生存和独立而言，没有什么比恒定的内环境更重要的。关于这个问题，伟大的法国生理学家克劳德·贝尔纳（Claude Bernard）一句话道尽了一切："内环境的稳定性是生命自由的先决条件。"这种恒定性的维持被称为内稳态（homeostasis）。在细胞层面，内稳态的基本原理相对比较简单，但同时又惊人地有效，无论外部环境如何动荡变化，细胞膜上的离子泵都会使细胞内部的化学环境保持稳定。而对动物尤其是人类这样的多细胞生物来说，确保内稳态会需要更复杂的监控系统。

　　内稳态调控是通过发展出分布全身的特殊神经细胞

和神经网络（又名神经丛），以及直接的化学手段（比如激素）而实现的。这些分散的神经细胞、神经丛被组织成了功能上大体自主的系统或者联合体，自主神经系统也因此得名。直到 20 世纪早期，自主神经系统才得以被识别和研究，相较之下，中枢神经系统，尤其是大脑的许多功能在 19 世纪就已得到详细的审视。这颇有些吊诡，因为自主神经系统的演化形成远早于中枢神经系统的。

过去（在很大程度上，现在依然），这两者的演化过程彼此独立，在组织和形态上截然不同。中枢神经系统加上肌肉和感官组织的演化，令动物们可以在世间自如行走——觅食、狩猎、求偶、避开敌人或与之战斗等等。中枢神经系统加上本体感觉系统[1]的演化让个体知道自己是谁，在做什么。至于不眠不休地监控身体里的每一个器官和组织的自主神经系统，它是在告诉个体此刻状态如何。（值得玩味的是，大脑本身没有感觉器官，

1　通过外周感受器采集刺激（这些刺激包括关节位置、肌肉张力等），同时将这些机械刺激转化为神经信号，传递到中枢神经系统进行处理，产生相应的控制行为，比如保持某种姿势。

这就是为什么即便大脑出现了严重的紊乱，人也不会有什么感觉。因此，当60岁时罹患阿尔茨海默病的爱默生被问及有何感觉时，他如此回答："我失去了我的心智能力，但我感觉不能再好了。"）[1]

20世纪早期，我们已知自主神经系统分为两大部分：一个是"交感神经系统（sympathetic）"，负责通过增加心脏的输血量，锐化感官，绷紧肌肉，使动物进入蓄势待发的状态（比如在危机状况下，为了求生准备好战或逃）；与之相对的是"副交感神经系统（parasympathetic）"，负责增加体内的"管家"部分（肠道、肾脏、肝脏等）的活动，令心跳放慢，促进放松与睡眠。通常情况下，自主神经系统的这两个部分愉快地互惠互利，因此饱食之后甜美的"餐后嗜睡"并不属于战或逃的危机状况。当自主神经系统的两部分协调合作时，我们会感觉身体"不错"或"正常"。

在这个问题上，安东尼奥·达马西奥（Antonio Damasio）在《我们的身体正在发生什么》（*The Feeling*

1　戴维·申克（David Shenk）在《遗忘》（*The Forgetting*）里对此有过精彩的描述。——原注

*of What Happen*s）及后续的著作和论文里做出了深刻有力的阐释。他提出了"核心意识（core consciousness）"的概念，也就是关于我们自身状态的基本感觉，这种感觉最终会转化为一种模糊的、隐性的意识感觉。[1]尤其当身体内部出现异状，当内稳态未能维持之时；当自主平衡严重偏向一侧，也就是这种核心意识，这种关于我们自身状态的感觉变得带有某种侵入性的、令人不快的特质时，我们会说："我感觉不太好——哪里不对劲。"这时候我们看上去也确实会不太好。

在这方面，偏头痛是一个很好的例子。它算是某种原型疾病，通常感觉很糟，但来得快去得也快，而且很有分寸，好就好在它不会引起死亡或严重疾病，并且不会伴有任何器官损伤、创伤或感染。偏头痛让人小规模地感觉不适，切实地令人觉察到身体哪里出了问题，同时又不是真的生病。

大约 50 年前，我去了纽约，当时我负责的第一批病人就是普通型偏头痛发作的受害者，至少有 10% 的

1　参见：Antonio Damasio and Gil B. Carvalho, "The Nature of Feelings: Evolutionary and Neurobiological Origins"（2013）。——原注

人受此困扰，该病症也因此得名。（我本人终身不堪其扰。）我在医学学徒时期就照看这些病人，试图理解和帮助他们，这也让我写出了第一本书：《偏头痛》（*Migraine*）。

虽然普通型偏头痛的症状表现很多（不妨说无穷，我在那本书里描述过的就不下 100 种），最常见的征兆或许仅仅是一种难以描摹但确凿无疑的感觉：哪里不对劲。1860 年，埃米尔·杜布瓦-雷蒙（Emil du Bois-Reymond）在描述自己偏头痛发作时强调的正是这一点，他写道："我醒了，带着一般意义上的不适。"

他的情况（从 20 岁开始，每三到四个星期就会发作一次）是这样，"左边太阳穴区域会有轻微的疼痛……中午时疼痛达到巅峰；通常傍晚时候就会退去……静下来休息时这种疼痛还勉强能忍；一旦猛烈移动，痛楚就会增强……呼应着太阳穴附近血管的每一次搏动"。不仅如此，偏头痛发作时，杜布瓦-雷蒙的外表也会发生变化："面容苍白，双颊凹陷，右眼变小发红。"剧烈发作时，他会感到恶心和"胃部不适"。偏头痛最开始时极为常见的"一般意义上的不适"可能持续，在发作期间不断加重；症状最严重的病人会闷闷昏昏地躺着，感觉半死不活，甚至生不如死。[1]

我在《偏头痛》里一上来就引用杜布瓦-雷蒙的自述，部分是因为他的文字简洁优美（19 世纪的神经学描写大抵如此，如今罕见），但最主要的原因是症状的典型性——偏头痛症状因人而异，但不外乎这些描述的排列组合。

偏头痛发作时血管和内脏上会出现典型的不受控制的副交感神经活动，但是在发作之前，生理上可能会先出现完全相反的状态，可能接连几小时都觉得充满能量，甚至亢奋——乔治·艾略特说她自己在那样的时刻感觉"好到危险"。类似地，发作之后可能出现"反弹"，尤其是当痛苦的感觉特别强烈的时候。我的一个病人（《偏头痛》中的第 68 号病例）就是明显的例子。他是一个年轻的数学家，患有严重偏头痛。对他来说，偏头痛发作（伴随大量淡白色尿液的排出）结束后，原

1　阿瑞泰乌斯（Aretaeus）早在公元 2 世纪就注意到，处在这种状况下的病人"了无生趣，宁愿死掉"。这种感觉可能涉及自主神经失调，但也一定和自主神经系统那些"中心"部分相连，也就是调节感觉、情绪、知觉和（核心）意识的脑干、下丘脑、杏仁核以及其他下皮层区域。——原注

创性的数学观点常常喷涌而出。我们发现，"治愈"他的偏头痛也就意味着"阻断"了他在数学上的创造性，鉴于这种古怪的身心机制，他选择了"弃疗"。

上述是偏头痛的一般表现，但除此之外，还有瞬息而变、起伏不定、相互矛盾的症状——这种感觉经常被病人描述为"紊乱"（如我在《偏头痛》中所写的），"会感觉热或冷，或又冷又热……肿胀、绷紧，或松弛、恶心；怪异的紧张，或倦怠，又或两者皆有……各种各样的压迫感和不适感来了又去"。

事实上，一切都是来了又去，如果此时可以扫描身体内部状况成像，我们会看见血管床打开、肠道蠕动加快或停止，内脏在阵阵痉挛发作中蠕动或绷紧，分泌物突然增加或减少，仿佛神经系统本身在迟疑不决。不稳定、波动、震荡就是紊乱状态的实质，就是一般意义上的不适。我们失去了平常的"良好感觉"，也就是我们所有人，或许可以说所有动物在健康状态下拥有的感觉。

~ ~ ~

回忆我最早接收的病人使我对疾病和康复有了新的

看法——或者说新瓶装旧酒，而最近几周一次不寻常的个人经历，意外地使这些想法有了一定的重要性。

2015 年 2 月 16 日，星期一，我自认感觉良好，和平常一样健康——至少是一个还算活跃的 81 岁老人可以指望的健康——尽管一个月前我就知道癌细胞已经转移到了大部分的肝脏。我被推荐了各种保守疗法，也许可以减少转移到肝脏中的癌细胞，多赚几个月的活头。我选择的第一个治疗方案，由我的外科医生（一位介入放射医师）将一根导管穿过我的肝动脉分叉，然后将一堆微球颗粒打进右边的肝动脉；在那里，它们会被送入最小的小动脉，然后堵在那里，切断癌细胞转移所需的血液供给和氧气——实际上就是让癌细胞饥饿并窒息而死。（我的外科医生特别擅长运用生动的隐喻，将这个过程比作杀死地下室里的老鼠，或者说得好听一点儿，刈掉后院草坪上的蒲公英。）如果这个栓塞法成功，并且我的身体状况容许的话，一个月或再久一点儿之后，就可以在肝脏的另一边（前院草坪上的蒲公英）照样来一遍。

这个过程尽管相对温和，但依然会杀死大量黑素瘤细胞（我的肝脏已有一半被转移的癌细胞覆盖）。这些细胞在凋亡过程中会释放各种让人不舒服并且引发疼痛的物质，身体不得不清除它们，就像所有死物都必须从体内移除一样。这项浩大的清道工程由免疫系统的巨噬细胞一力承担，它们专门负责吞噬侵入体内的异物和死物。我的外科医生建议我将它们想象成迷你蜘蛛，有几百万甚至几十亿之多，它们在我体内奔走，吞噬黑素瘤的残骸。这项繁重的细胞之战会吸走我所有的能量，会让我感到前所未有的虚弱疲乏，更别提疼痛或其他问题了。

我很高兴事先得到了提醒，因为就在第二天（2月17日，星期二），我刚从全麻栓塞手术醒来不久，强烈的疲劳感和困意——在一句话或一个拗口的短语说到一半，或者来探望我的朋友在一米以外的地方大声谈笑的时候——突兀地劈面而来。有时候，我写着写着，突然有几秒钟的时间陷入谵妄状态。我极度虚弱疲惫；有时候我会坐着不动许久，然后才支起身子，在两位帮工的搀扶下走路。静止时疼痛似乎还能忍受，但即便我像所有接受栓塞手术的病人那样，术后继续静脉注射麻醉剂，打喷嚏或打嗝之类不自主的活动依旧会引爆一阵疼痛，类似高潮，但不是愉悦的而是痛苦的。大剂量的麻醉剂注射使我的肠道活动停止了将近一个星期（虽然我毫无胃口，但用护理人员的话说，不得不"摄取营养"），因此无论吃什么，都会留在我体内。

另一个问题是抗利尿激素（ADH）的释放，使我体内积累了大量液体，这在肝脏大面积栓塞手术中并非罕见。我脚肿得厉害，几乎认不出是脚，我的脖子上有很粗的一圈水肿。这种"超水合状态"降低了我血液中的钠离子浓度，可能导致了我的谵妄。所有这些，加上温度调节不稳定、忽冷忽热等其他各种症状，我感觉糟透了。我的"一般意义上的不适"无限升级。我不停地想，如果今后一直如此，那不如早点死了好。

手术后，我在医院住了 6 天，然后回家。虽然我还是觉得这辈子都没那么难受过，但随着一天天过去，我开始以最小的幅度渐渐好转（所有人都以问候病人的语气对我说：你看起来"好极了"）。偶尔还有困意铺天盖地袭来，但是我强迫自己工作，编辑我的自传校样（尽管我可能看一个句子看到一半就睡着，头重重地点在桌子上，手里还紧紧攥着笔）。若不是还有这个任务（也是我的乐趣所在），这些栓塞手术后的日子会非常难熬。

第 10 天，我的状态发生了转变——上午和平时一样难受，但到了下午，我完全变了个人。这实在令人高兴，也很出乎意料：这样大面积的转变事先没有任何提示。我的胃口回来了一点儿，肠道又开始工作；2月28日和3月1日，我舒舒服服地排尿，两天时间里减了13斤。我突然感觉精力十足，创意满满，还有一种接近轻躁的兴奋雀跃。我迈着大步在公寓走廊里走来走去，生机勃勃的念头在我的脑海里层出不穷。

我说不清这里面有多少是因为体内平衡的恢复，有多少是因为深度自主抑制后的自动反弹，有多少归结于其他生理因素的影响，又有多少是拜写作的快乐所赐。但是我猜，转变后的状态和感觉应该很接近病后初愈的尼采在《快乐的科学》里用美到心颤的文字畅快抒发的情感：

> 感激之情喷薄不绝，仿佛这不曾想的事情刚刚发生：这是久病初愈者的感激，因为康复委实始料未及……欢欣是为着恢复体力，再次相信明日、明日的明日必将到来，对未来的预感涌上心头，欢欣是为着迫在眉睫的冒险，再度敞开胸怀的大海。

意识的河流

博尔赫斯曾说过:"时间是构成我的实体。时间是带我涌涌向前的河流,但我就是河流。"我们的运动、我们的行动在时间中延伸,一如我们的感知、思想,还有意识的内容。我们寓居于时间之中,我们组织时间,我们每一寸都是时间的造物。但是,我们生在其中或相依为生的时间,果真像博尔赫斯所说的河流那样连绵不断吗?还是说,它更接近连续的分立的时刻,就像连成一串的珠子?

18世纪的大卫·休谟更偏爱分立时刻的时间哲学,对他来说,意识"仅仅是不同感知的集束或集合,这些感知以不可察觉的速度相继发生,并处于永恒的涌流和运动之中"。

在《心理学原理》里，威廉·詹姆斯将这种观念称为"休谟式的观点"，承认它十分有力，同时又令人困惑。首先，这种观点似乎是反直觉的。在著名的探讨"意识之流"的章节里，詹姆斯着重指出，在意识的所有者看来，意识似乎总是连续的，"没有断裂、缝隙或分岔"，从不"分片切块"。意识的内容或许会不断变化，但我们心念流转，感知变换，不受干扰和打断。对詹姆斯来说，思维是流淌的，因此他引入了"意识之流"这一概念。但是，他也怀疑，"有没有可能意识实际上是不连续的……有没有可能意识到的连续，其实只是源于和西洋镜一样的错视幻觉？"

19 世纪 30 年代之前（缺乏实际的工作模型），人们还没有办法制造能动起来的图像。大多数人也还无法想象，静态的图像如何可以表现运动知觉或错觉。如果图像本身不动，它们又如何能表现运动？这个想法本身就是矛盾的，是一个悖论。但是西洋镜证明，单个图像可以在脑中焊接起来，产生连续运动的错觉。

在詹姆斯生活的时代，西洋镜（以及其他类似的、名称各异的装置）非常流行，几乎是维多利亚时期中产阶级家庭的必备玩物。这些器具包括一个圆筒或盘子，上面画着或贴着一系列定格图片，内容有动物活动、球类游戏、杂技表演等。但随着这些圆筒或盘子开始转动，分离的图片快速地连轴闪现，达到关键速度之后，突然变成一个单一稳定的运动图像。尽管西洋镜仅仅是一种很受欢迎的玩具，为世人提供神奇的运动错觉，但其设计（通常是由科学家或哲学家）之初有一个严肃的目的，就是展现动物运动的机制以及视觉机制本身。

假如詹姆斯再晚几年写这本书，他可能会用运动图像类比。如果将电影理解为主题上相互关联的图像串接起来、由导演的视角和价值观统整而成的视觉叙事，那它作为意识之流的隐喻可谓恰如其分。电影的技术装置与概念——放大、淡出、渐隐、省略、影射、联想和各式各样的并置……在很多方面高度模拟了意识的流动和转向。

亨利·柏格森[1]在1907年的《创造的进化论》（*Creative Evolution*）中采纳了这个类比，并把整整一章献给了"思维的电影机制与机械论"。但是，尽管柏格森

---

[1] 亨利·柏格森（Henri Bergson，1859—1941），法国哲学家，作家，1927年诺贝尔文学奖获得者。

用"电影机制"一词指涉大脑和心智的基本运作机制，对他来说，这是一种非常特殊的影像放映术，特殊之处在于电影中的"快照"并非彼此孤立，而是有机地联系在一起。在《时间与自由意志》中，柏格森提到"穿透彼此""融入彼此"的知觉时刻，就像曲调里的音符（与此相反的是"节拍器空洞连续的摆动"）。

詹姆斯也提到过融入和串联，对他来说，将这些时刻串在一起的是生命的整体轨迹和主轴：

> 对这道川流中其他部分的认识，无论过去或未来，无论遥远或切近，总是与我们当下的觉知交织在一起……这些旧事物之逗留，新事物之将来，便是记忆与期待的起源，是展望与回溯的时间感觉的基础。其令时间获得了一种连续性，没有这种连续性也就没有时间之流。

在同一章里，詹姆斯就时间感知的问题，引用了詹姆斯·密尔〔James Mill，约翰·斯图尔特·密尔（John Stuart Mill）的父亲〕的精妙猜想——如果意识不是连续的，而是像珠子似的一个个串联起来的感知和影像，那会是什么样子：

> 我们所能知道的从来都只有当下那一刻，每当一个知觉时刻过去，它便永远消逝，我们是此刻所是，曾经的样子如同从未有过……我们将完全无法获得经验。

詹姆斯好奇的是，在这样的状况中——意识退化为"萤火……彼方是全然的黑暗"，存在是否仍有可能。这正是失忆症患者所处的状态，尽管"时刻"在这里可能有几秒钟之长。在《错把妻子当帽子》里，我这样描述我的失忆症病患"迷航水手"吉米：

> ……他被隔绝在单个的存在时刻中，被遗忘的护城河或空白隔绝包围……他是一个没有过去（或未来）的人，在瞬息变化、毫无意义的时刻里无可自拔、泥足深陷。

~ ~ ~

当詹姆斯和柏格森将视觉感知（事实上也是意识之

流本身）比照于西洋镜和电影摄像机这样的机械机制时，他们是否凭直觉发现了真相？是否眼睛／大脑实际上"拍摄"了感知到的定格画面，以某种方式将它们融接起来，产生了某种连续感和运动感？然而，他们在有生之年并没有等来清晰的答案。

我的很多患者在偏头痛发作时经历了一种罕见的戏剧化的生理紊乱，他们可能会失去视觉连续感和运动感，眼前看到的是闪烁的"定格画面"。这些定格画面可能清晰锐利，每幅之间分得很清，没有叠印重影。但更常见的是，画面有些模糊，就像那种长时间曝光的照片那样；它们会停留很久，久到前一张尚未完全消失、下一"帧"便开始隐现。这样一来就会有三四帧画面趋于重叠，渐次淡化。［这个效果类似艾蒂安-朱尔·马雷在 19 世纪 80 年代应用的"连续摄影术／定时摄影"（chronophotography）。在那些影像中，我们能看到一连串图像化的时刻或时间框架重叠在一个画面里。］[1]

1　马雷在法国的地位类似埃德沃德·迈布里奇在美国，两人都是连续快拍、即刻显影技术领域的先驱。这些照片可以贴在西洋镜圆筒上，做出一部短暂的"电影"；也可以用来分解运动，探究动物和人类运动的即时动态和生物动力学机制。这就是马雷作为生理学家关注的重点。

这类发作颇为少见，持续时间也较短，不可预测，也不会轻易激发，或许正因为如此，我在医学文献里没能找到对这一现象很好的解释。我在撰写《偏头痛》（1970 年出版）的过程中，使用了"电影视觉"这一术语来描述这些问题，因为病患总是将看到的影像比作慢速放映的电影。我注意到，这些视觉片段中的闪烁速率介于每秒 6 次到 12 次之间。在偏头痛引发谵妄的案例里，也可能闪现万花筒般的图形或错觉。（之后这种闪现可能会加速，直到恢复正常的运动影像。）

关于这一令人惊异的视觉现象，20 世纪 60 年代时还没有人给出过令人满意的生理学解释。但是，我不禁揣想，视觉感知是否可以在某种真实的意义上类同于电影摄影术：接收自周边环境的视觉信息是一幅幅短暂、

为了实现这个目的，他选择将他的影像——每秒 12 张或 20 张——重叠在同一个画框里。这种复合式摄影在实践中捕捉到一定辐辏的时间，因此被称作"定时多重曝光照相"。马雷的照相术成为后续所有科学运动摄影研究的楷模，连续照相术也成为艺术家的灵感来源（令人联想到杜尚著名的《下楼梯的裸女》，杜尚本人称之为"运动的静态图像"）。

玛尔塔·布劳恩（Marta Braun）在她的大作《刻画时间》（*Picturing Time*）中探讨了马雷的作品，丽贝卡·索尔尼特（Rebecca Solnit）在《影河：埃德沃德·迈布里奇和技术的狂野西部》（*River of Shadows: Eadweard Muybridge and the Technological Wild West*）里梳理了迈布里奇的思想及其影响。——原注

即时的静帧动画或"定格画面",正常情况下它们被融接起来,使视觉意识具有惯常的运动感和连续性——而在偏头痛发作的非正常状态下,这种融接似乎未能发生。

类似的视觉效应也会在某些癫痫状态或药物(尤其是 LSD 这样的致幻剂)引起的中毒状态下发生。可能还会发生其他异常的视觉效应:移动物体可能拖曳尾迹,图像可能会自我重复,后像(afterimages)[1] 可能会严重延长。[2]

20 世纪 60 年代晚期,我从脑炎后帕金森综合征患者那里听到过类似的解释,这种状况发生在他们服用左旋多巴后的"醒觉"之时,尤其是在药物引发的过度兴奋状态之下。一些病人描述了"电影视觉";还有一些谈到了异乎寻常的"停滞",有时候长达数小时——在

1　刺激停止作用于感觉器官后,感觉仍暂时留存的现象。
2　我喝萨考(sakau)也有类似的体验,萨考是一种流行于密克罗尼西亚的酒精饮料。我在日记里描述过它引发的某些反应,后来收录在我的《色盲岛》(*The Island of the Colorblind*)里:"桌上的一朵花放射出幽灵花瓣,像围着一圈光环;它移动的时候……会留下一道淡淡的轨迹,在视觉上留下抹痕……拖曳在后面。凝视一株棕榈树的摇摆,我看到一连串静止的画面,就像一部慢速放映的电影,不再能维持自身的连续性。"——原注

此期间，视觉之流，甚至是运动之流、行动之流，乃至思维之流都被中断了。

这种停滞在赫斯特·Y身上尤其严重。一次我被紧急叫到病房，因为Y女士进浴室洗澡后，浴室里水漫成灾。我去了之后，发现她站在大水中一动不动。

我一碰她，她立马跳起来，问我："发生了什么？"

"我还要问你呢。"我答道。

她说她给自己放水洗澡，浴缸里的水大约积了两三厘米深……然后就是我碰了碰她，她才突然意识到浴缸里的水一定满了，浸漫了整个浴室。她被困在水深两厘米的永恒时刻里，动弹不得。

这种停滞表明，意识可以被中断相当长一段时间，与此同时，保持姿势或呼吸等自动的、非意识的功能还能照常运行。

还有一种感知停滞，可以用常见的错视效果图——奈克方块来表明。一般来说，我们凝视这个模棱两可的立方体透视图时，会看到它每隔数秒变换透视角度，先是凸出，而后凹陷，我们的意志无论怎样努力都无法阻止这种来回切换。图像本身不会变化，它在视网膜上的影像也不会。这种切换纯粹是一种大脑皮层的处理过程，一种内在于意识本身的冲突，在两个可能的感知解释之间摇摆不定。所有健康的被试都会出现这种切换过程，通过脑功能成像技术能观察到这一现象。但是，处于停滞状态的脑炎后帕金森综合征患者，每次在一种角度上停留的时间可能长达几分钟乃至几小时。[1]

这样看来，正常的意识之流不仅可能被切成碎片，解体为快照似的断片，也可能间歇暂停，一次可长达数小时。我发现这比"电影视觉"还要怪异、还要费解，因为自威廉·詹姆斯的时代以来形成了一项共识：意识就其本质而言是不断变化和流动的。现在我自己的临床经验令我不得不质疑这条公理本身。

因此，当约瑟夫·齐尔（Josef Zihl）和他的同事在1983年发表了对一个运动盲症病例的翔实研究之后，我已经准备好迎接更奇特的情况：一名女性在患脑

1　正如我在《脑袋里装了2000出歌剧的人》（*Musicophilia*）中探讨的那样，音乐的节奏和流动性，在这类冰封状态中或许可以起到关键作用，让病人可以恢复运动、感知和思维之流。有时候音乐似乎可以为他们丧失的时间感和运动感充当模型或模板。因此，播放音乐能够让一个处于停滞状态的帕金森患者动起来，甚至跳舞。在此，神经学家本能地采用了音乐词汇，称帕金森综合征为"动感口吃"（kinetic stutter），称一般运动为"动感旋律"（kinetic melody）。——原注

卒中后永久地失去了运动感知能力。（这次脑卒中破坏了视觉皮层上的一块专门区域，生理学家通过动物实验证实，该区域是运动感知的核心所在。）在这个被称为 L. M 的病人身上，"定格画面"会持续数秒，在这期间，M 女士会看到一个静止不动的延时图像，视觉上无法察知周围的任何运动，尽管她的思维和感知之流完全正常。她可能会和一个站在面前的朋友交谈，但看不见这位朋友嘴唇的动作和面部表情的变化。如果这位朋友走到她背后，M 女士会继续"看到"他站在自己面前，尽管他的声音此刻是从背后传来的。她可能会看到一辆汽车"冻结"在一段距离之外，但是当她试图走过去时，却发现它几乎就在眼皮底下。她可能会看见一道"冰川"，那是从茶壶嘴里倒出来的一道冻结的水柱，然后意识到自己倒多了，茶水溢出了茶杯，在桌上汪成一摊。这种情况令人极其困扰，有时候甚至会带来危险。

"电影视觉"和齐尔描述的运动盲症有显著的区别，后者也有别于某些脑炎后帕金森患者经历的长时间视觉冻结——有时候遍及全体。这些区别暗示我们，可能有很多不同的机制或系统作用于视觉运动感知和视觉意识的连续性，这也与知觉和心理实验的发现相吻合。这些机制中的一部分或者全部在某种药物中毒状态、某些偏头痛发作、某些形式的大脑损伤中失效了，无法正常运作。但是，在一般情况下它们会显露出来吗？

我脑海中浮现出一个显见的例子。我们很多人都会注意到一个现象并为之困惑，风扇、车轮、螺旋桨等匀速旋转的物体或者经过栅栏围篱的时候，其正常的运动连续性似乎时不时被打断。有时候我躺在床上，抬头看天花板上的风扇，每隔几秒钟，扇叶好像会突然改变转动的方向，然后又同样突然地换回原来的方向；有时候风扇看起来仿佛悬停、失速，有时候又会变出额外的扇叶或比扇叶更宽的深色长条。

类似的现象电影里也有，有时候公共马车的车轮看上去似乎在慢慢地倒转，或者几乎不动。这种"马车轮效应"一如其名，反映了电影放映速率和车轮的转速之间缺乏同步。但是，当早晨的阳光洒满房间，一切都沐浴在连绵均匀的光线之下，这时我抬头看风扇，便能在真实的生活中看到马车轮错觉。是我的感官机制中出现了某种闪烁，还是说再次类拟电影摄像机的运作机制，某种同步缺失了？

戴尔·珀维斯（Dale Purves）和他的同事对马车轮

效应进行了深入细致的探讨，证实这种类型的错觉或错误感知在被试中普遍存在。排除其他造成非连续性的因素（比如间歇性光照、眼动等等）之后，他们得出的结论是，视觉系统以"连续片段"的形式处理信息，每秒大约处理 3 到 20 个片段。一般情况下，这些连续图像被体验为没有间断的感知流。珀维斯指出，事实上，我们认为电影可信，可能恰恰因为我们自己就和电影摄像机一样，将时间和现实切割成一个个定格画面，然后再组装成一个连续流。

从珀维斯的观点看，正是这种将我们所见之物分解成一连串相继出现的时刻的机制，使大脑得以侦测和处理运动。大脑需要做的就是辨认出相继出现的"定格画面"之间的位差，从中推算出运动的方向和速度。

~~~

但这样还不够。我们不只像机器人那样推算运动，我们还感知它。我们感知运动，一如我们感知颜色或深度，这些都是独特的定性体验，对我们的视知觉和视觉意识来说至关重要。在感受性（qualia）[1] 诞生的过程中，发生了某些超出理解的事情，使大脑处理的客观结果转化为主观体验。这种转变如何发生？我们是否有能力理解？哲学家们为此争论不休。

詹姆斯想象西洋镜可以隐喻有意识的大脑，柏格森将大脑类比于电影，但是这些充其量只是撩人的比喻和意象而已。直到最近二三十年，神经科学才有能力从意识的神经基础入手处理这些课题。

20 世纪 70 年代之前，神经科学还几乎不碰意识研究，如今却已成为重点研究对象，吸引世界各地的科学家前赴后继。研究人员剖开意识的每个层级，抽丝剥茧：从最基础的感知机制（除了人类之外，很多动物也有）到更高层级的记忆、意象以及自我反思意识。

我们是否有可能定义这个形成了思维和意识之间的神经关联、复杂到几乎不可想象的大脑过程？我们必须想象，如果可以的话，在我们拥有数千亿个神经元的大脑里（每个神经元有 1 000 个或更多的突触连接），在几

1　哲学讨论中又名"感质"。

分之一秒内，可能会涌现或择选出超过 100 万个神经元集群或联合体，每组包含 1 000 或 10 000 个神经元。（埃德尔曼称，其中涉及的数字是"超天文"量级的。）所有这些联合体，就像令谢林顿着魔的织布机上的"百万个闪光的梭子"一样相互交织，每秒多次挥梭，编织出持续变化但永远富有意义的图案。

当意识变换、流淌而过时，我们根本来不及抓住它的密度，它的方方面面，它那些彼此交叠、互相影响的层次。甚至连最高超的艺术表现力——无论是电影、戏剧还是文学叙事——也仅仅是对人类意识真实面貌的苍白模仿。

如今，研究人员已经能够同时监控 100 个或更多单个神经元的活动，让未经麻醉的动物执行简单的感知和认知任务便可实行。我们可以借助类似 MRIs 和 PET[1] 这样的成像技术，检验大脑广大区域的活动和互动，这些无创技术可以用在人类被试身上，以此观察进行复杂的心理活动时，具体有哪些脑区被激活。

1　分别为磁共振成像和正电子发射断层扫描。

除了生理学研究，计算机神经建模这个相对较新的领域还会利用虚拟的神经元集群或网络，观察它们如何自我组织以应对各种刺激与限制。

所有这些工具方法，加上前人不具备的概念武器，共同推动了对意识神经关联的追寻，使之成为当代神经科学中最基础也最令人振奋的冒险。其中一个关键的创新是集群思维（population thinking），这要求我们在思考这个问题时，将神经元在大脑中的庞大数量和经验的力量纳入考量，认识到经验能够不同程度地改变神经元之间联系的强度，还能够促进在整个大脑中生成功能性的神经元集群——这些神经元集群之间的互动能够为经验归类。

我们不再认为大脑是死板的、有固定模式、像计算机一样程式化，而是以一种更偏生物学也更有力的"经验选择"式视角取而代之，承认经验从字面意义上形塑了大脑的连接性和功能（在基因学、解剖学和生理学限度内）。

上述观点认为，这种神经元集群（由1 000个左右的单个神经元组成）的选择，以及它们在人的一生中对大脑的实际形塑作用，都类同于自然选择在物种演化中扮演的角色；因此，20世纪70年代，杰拉德·埃德尔曼便有先见之明地提出了"神经达尔文主义"，更关注单个神经元连接的让-皮埃尔·尚热（Jean-Pierre Changeux）则提出了"突触达尔文主义"。

威廉·詹姆斯本人坚持认为，意识不是"物"，而是"过程"。对埃德尔曼来说，这些过程的神经基础不仅是皮层与丘脑以及大脑其他部分之间的动态互动，也是大脑皮层不同区域中神经集群之间的动态互动。大脑前侧的记忆系统与大脑后侧关涉感知范畴化的系统之间存在着巨量的双向互动，埃德尔曼认为，意识就是从这里诞生的。[1]

~~~

---

1 不管多么有原创性，从来没有一个范式或概念是凭空出现的。关于大脑的集群思维直到20世纪70年代才出现，然而在25年前便已有了先声：唐纳德·赫布1949年的名作《行为的组织》（*The Organization of Behavior*）。赫布试图通过一种一般性理论在神经生理学和心理学之间搭起桥梁。该理论能够将神经过程与心理过程关联起来，尤其展现了经验是如何修改大脑的。赫布认为，这种修改的潜力存在于连接脑细胞的突触中。赫布的原创概念很快得到证实，为新的思维方式搭建了舞台。我们现在知道，单单一个大脑的神经元可以有多达10 000个突触，大脑作为整体更是有100万亿个突触，由此也可见，它的修改能力几乎是无穷的。因此，所有琢磨意识的神经科学家都应该感谢赫布。——原注

弗朗西斯·克里克（Francis Crick）和他的同事克里斯托夫·科赫是研究意识神经基础的前驱。自 20 世纪 80 年代第一次合作开始，他们始终专注于初级视觉感知及其过程。在他们看来，视觉脑最经得起研究检验，可以作为模型探索层级逐步提高的意识形式。[1]

在 2003 年发表的一篇概述式论文《意识的架构》（"A Framework for Consciousness"）中，克里克和科赫考察了运动感知的神经关联，以及视觉甚至更广义的意识本身的连续性是如何被感知或构造出来的。他们提出："意识[对视觉]的感知是一系列静态快照，运动被'描画'其上……[并且]感知发生在不连续的时期。"

我第一次读到这段时十分震惊，因为他们的提法完全就是詹姆斯和柏格森在一个世纪之前就已透露过的意识观，也是我自 20 世纪 60 年代第一次从偏头痛病人那里听到"电影视觉"的表述后就一直持有的看法。然

1　科赫在《意识探秘》（*The Quest for Consciousness*）中从个人视角出发，生动地讲述了他们的研究历程，以及对意识的一般神经基础的追寻。——原注

而，这里面还揭示了更多东西，可能还存在一个以神经活动为基础的意识基质。

克里克和科赫假设的"快照"在形式上并不统一，这点很像电影图像。他们觉得，连续快照的持续时间不可能是恒定的；更进一步说，形状的快照和颜色的快照所持续的时间未必一致。这种处理视觉感官输入的"快照"机制虽然可能相对简单和自动，属于层级相对较低的神经机制，但每个感知必须包括大量视觉属性，它们在某个前意识层面被捆绑在一起。[1]

那么，这些各不相同的快照如何被"组装"起来，从而达到表面上的连续性？它们又是如何到达意识层面的？

对某个特定运动的感知（打个比方）或许可以表征为神经元以特定的速率在视觉皮层的运动中心激活，然而整个复杂的过程到这里仅仅开了个头。为了到达意识

---

1 有一种解释这种捆绑机制的假说认为，这种机制能让神经元在一定感知区域内同步激活。当然也有失败的时候。克里克在他1994出版的作品《惊人的假说》（*The Astonishing Hypothesis*）里引用了一个令人捧腹的例子："一个朋友走在繁忙的大街上，他'看见'一个同事，正准备打招呼的时候意识到：那些黑色的胡子（朋友的特征）其实长在别人脸上，而秃头和眼镜又属于另一个人。"——原注

层面，这种神经元激活或者说更高层次的表征，必须越过某个强度的阈值，然后保持在这个阈值之上；对克里克和科赫来说，意识是一个阈限现象。为此，这个神经元集群必须介入大脑的其他部分（通常是前额叶），然后和其他数百万个神经元结盟，形成"联合体"。他们认为，这样的联合体能够在几分之一秒内形成或消解，涉及视觉皮层和大脑其他许多区域的双向连接。这些位于大脑不同部位的神经联合体连续不断、你来我往地对话。单单一个有意识的视觉感知就可能促使数十亿个神经细胞产生并联且相互影响的活动。

最后，一个联合体或联合体的联合体的活动若要达到意识层面，不仅需要跨越一个强度阈值，还要在一段时间内保持这个强度——差不多100毫秒。这也是一个"感知时刻"持续的时长。[1]

1　20世纪50年代，心理学家J. M. 斯特劳德（J. M. Stroud）在他的论文《心理时间的精细结构》（"The Fine Structure of Psychological Time"）里首次使用了"感知时刻"这一术语。对他来说，感知时刻代表了心理时间的"颗粒"，也就是将感官信息整合为一个单元所需的时长（他从实验结果中推算出大约是1/10秒）。但是正如克里克和科赫评论的那样，斯特劳德的"感知时刻"在接下来的半个世纪中被彻底忽视了。——原注

为了解释视觉意识显而易见的连续性，克里克和科赫指出，联合体的活动表现出"滞后现象"，也就是说，持续的时间超过刺激的时间。这种观念很接近 19 世纪发展起来的"视觉暂留"理论。[1] 赫尔曼·冯·亥姆霍兹在 1860 的《生理光学手册》（*Treatise on Physiological Optics*）中写道："你所需要的仅仅是印象重复得足够快，以至于前一个印象的后效尚未在肉眼可见的范围内消失，下一个印象就来了。"亥姆霍兹和他的同时代人认为这种后效产生于视网膜，而对克里克和科赫来说，它产生于大脑皮层上的神经元联合体。换言之，连续性的达成，正是相继发生的感知时刻连续重叠的结果。有可能我之前描述过的"电影视觉"——或边缘锐利，或晕化叠印的静止画面——实际上是神经元联合体的应激

1　尼古拉斯·韦德（Nicholas Wade）在其趣味盎然的《视觉的自然志》（*A Nature History of Vision*）一书中引用了塞内加、托勒密和其他古典作家。他们观察到，快速挥动燃烧的火炬，似乎会形成一个连续的火环，由此意识到，视觉意象［或者用塞内加的话来说就是视觉的"慢延"（slowness）］肯定会持续或存续相当长一段时间。1765 年，人们对持续的具体时长已经有了令人惊叹的精确测量——8/60 秒，但是直到 19 世纪，人们才借助西洋镜这样的工具对视觉存续的时长进行系统的探究。除此之外，类似马车轮效应这样的运动错觉似乎在两千年前就已经不是什么新鲜事了。——原注

异常，产生的滞后现象要么不足，要么太过。[1]

通常情况下，视觉是无缝衔接的，我们也完全看不到隐藏在背后的、视觉赖以存在的过程。只有当它因实验或者神经疾病解体时，其组成元素才会显现。某些药物引起的中毒现象或严重偏头痛发作中体验到的闪烁、持存、时间感模糊的影像，令我们更有理由相信：意识是由间断的时刻构成的。

不管具体的作用机制为何，间断的视觉画面或快照被焊接在一起是产生连续性的前提，是产生流动的动态意识的先决条件。这种动态的意识可能最早出现在 2.5 亿年前的爬行动物身上。两栖类动物身上不存在这种意识，这似乎也说得通。比如说，青蛙没有表现出主动注意，不会用目光跟随事物。青蛙并不像我们那样拥有一个视觉的世界或者视觉意识，当形似昆虫的物体进入视野之后，它们会自动辨识，紧跟着吐出舌头捕食。它不会检索周边环境或搜寻猎物。

1　克里克和科赫还提出了一个替代性解释（在我们的私人交流中），快照的晕化和持存是因为它们触及短期记忆（或短期视觉记忆缓存区），然后在那里慢慢消退。——原注

如果一种动态流动的意识在最低层级上允许连续主动地检索或搜寻，那么它在更高层级上可以使感知与记忆、过去与现在发生互动。这样一种埃德尔曼所谓的"初级"意识对生存来说是高效能、高适应性的。

在《比天空更宽广：意识的非凡天赋》（*Wider Than the Sky: The Phenomenal Gift of Consciousness*）里，埃德尔曼写道：

> 想象丛林里一只具备初级意识的动物。它听到低沉的咆哮声，与此同时，风速发生了变化，光线开始减弱。它迅速离开，去到一个更安全的地方。一个物理学家或许不能在这些事件之间推导出任何必然的因果关系。然而对一只具备初级意识的动物来说，仅仅这样一组同时发生的事件就有可能伴有前在的经验，这其中就包括老虎的现身。意识将出现过的场景与动物的意识经验前史整合起来，无论有没有老虎在场，这种整合都有生存价值。

随着语言、自我意识以及鲜明的过去与未来感的出现，我们从这种相对简单的初级意识一跃进入人类意识。这使我们每个人的意识具有了带着主题的、个性化的连贯性。写下这段文字的此刻，我坐在第七大街的一家咖啡馆里，看世间熙来攘往。我的注意力和焦点一会儿投到这儿，一会儿投到那儿：一个穿红色裙子的女孩走过，一名男子在遛一只滑稽的狗，太阳从云层里探出头来（终于！）。但是，除此之外似乎还有别的不请自来的感觉：发动机逆火时发出的噪声，位于上风处的邻人吞云吐雾的烟味。所有这些事件在发生的刹那捕获了我一段时间的注意。为何在 1 000 个可能的感官印象里，我独独抓取了这些？在它们的背后，存在着反思、记忆和联想。因为意识总是主动的、有所选择的——饱含我们独有的情感和意义，揭示出我们的选择，混入了我们的感知。因此，我看到的不仅仅是第七大街，而是我的第七大街，携带着我的性格和身份的标记。

克里斯托弗·伊舍伍德（Christopher Isherwood）的《柏林日记》（"A Berlin Diary"）以一段冗长的、极具画面感的隐喻开启："我是一台快门常开的照相机，消极被动，只记录，不思考。记录对面那个在窗前刮胡子的男人，那个穿和服洗头发的女人。有一天，这一切都会被冲洗出来，精心印制，固定下来。"但是，如果有谁幻想自己可以是消极、中立的观察者，那只能是自欺欺人。每一个感知，每一个场景，都是我们自己塑造的，无论是否有意为之，也不管我们是否知道这一点。我们是自己正在制作的这部电影的导演——同时也是它的素材：每一帧画面，每一个时刻，都是我们，也是我们的。

然而，我们的画面，我们的瞬息刹那是如何聚拢归整的？如果一切都稍纵即逝，我们如何实现连续性？我们逝去的念头，借用詹姆斯的话来说（颇有19世纪80年代牛仔生活的味道），不会像野牛那样四处漫游。每一个都有其归属，都打上了所有者的标记，并且每一个念头，用詹姆斯的话来说，生来就是前一个念头的占有者，并且"以被占有的状态死去，将它体认到的'自我'，不管是什么，传递给它后来的所有者"。

因此，它不仅仅是感知时刻，单纯的生理性时刻——尽管这些是一切的根底——还是本质上个性化的时刻，构成了我们的存在本身。最后，我们又转回普鲁斯特的意象，这个意象本身就令人有点想起摄影术："时时刻刻的集合"构成我们的全部，即便它们涌涌融入彼此，一如博尔赫斯的河流。

盲点：
科学史上的遗忘与忽视

纵览某种思想观念发展史的时候，一般有两条考察进路：我们可以将现今的观念一直回溯到它的萌芽时期，审视其前兆和先声；我们也可以专注于曾经出现过的观念，审视其演化、效果和影响。不管哪一种，我们或许都把历史想象为一个连续体，一种发展，一种开端，如同达尔文的生命之树。然而，我们最终发现的东西非但远不是生命画卷波澜壮阔的展开，而且在任何意义上都不是一个连续体。

在遇到我的初恋——化学之后，我渐渐意识到科学史的种种迷惑之处。我清楚地记得，年少的我在读到一段化学史时才知道，17世纪70年代，约翰·梅奥（John Mayow）差一点就发现了如今被我们称为氧气的东西，这比舍勒[1]和普里斯特利[2]命名氧气整整早了一个世纪。梅奥通过谨慎的实验，证明我们所呼吸的空气里有将近五分之一是燃烧和呼吸所必需的物质（他称之为"硝气精"，spiritus nitroaereus）。然而，尽管当时梅奥极富先见之明的工作流传甚广，后来却不知怎的淡出了人们的视野，被竞争对手燃素说[3]抢走了风头，后者又盛行了一个世纪，直到18世纪80年代最终被拉瓦锡证伪。此时距梅奥离世已有100年之久，他去世时年仅39岁。描写这段历史的E. P. 阿米蒂奇（E. P. Armitage）写道："如果他活久一点，无疑会比拉瓦锡的革命性研究领先一步，将燃素说扼杀于摇篮之中。"这是对约翰·梅奥的浪漫主义吹捧、对科学事业结构的

1　卡尔·威廉·舍勒（Carl Wilhelm Scheele，1742—1786），瑞典波美拉尼亚（位于今德国和波兰波罗的海沿岸）化学家、药剂师。除了氧气之外，他还发现过钡、钼、钨等多种元素。
2　约瑟夫·普里斯特利（Joseph Priestley，1733—1804），英国化学家、哲学家、教育家。早于舍勒发表对氧气的发现。
3　该学说认为，任何物质燃烧时，都会释放一种名叫燃素（phlogiston）的成分。

浪漫误解，还是如阿米蒂奇所言，化学的历史本有可能被彻底改写？[1]

这种忽略或遗忘在科学史上并不鲜见；我本人深有体会，那时我还是一个年轻的神经学者，在一家主治头痛的诊所就职。我的工作是做出诊断——不管是偏头痛，还是紧张性头痛——然后对症开出处方。但我就是没办法把自己局限在这个门类里，来我这里问诊的很多病人也不能。他们经常跟我提到别的病症，我自己也观察到一些：有时候是抑郁，有时候是亢奋，但并不绝对是病理状态——至少无须做出诊断。

很多时候，一种经典的视觉性偏头痛会有所谓的先兆

1　阿米蒂奇是我母校的老师，他于 1906 年出版了一部著作，试图复兴爱德华七世时代学生的昂扬斗志，然而用现在的眼光来看颇有点浪漫主义和沙文主义色彩，他坚称是英国人而非法国人发现了氧气。

威廉姆·布洛克（William Brock）在他的《化学的历史》（*History of Chemistry*）里提供了别种视角，他写道："早期的历史学家喜欢在梅奥的解释与后来的煅烧论之间寻找相似性。"布洛克强调，但是这种相似性"仅仅流于表面，因为梅奥的理论是机械论式的燃烧理论，不是化学的燃烧理论……它标志着一种向二元论原则的世界和神秘力量的倒退"。

包括牛顿在内，17 世纪所有伟大的发明家仍旧半只脚踩在中世纪的炼金术和神秘学的世界里——事实上，牛顿终身对炼金术和秘传论说抱有浓厚的兴趣。[这一事实长期被世人忽略，直到约翰·M. 凯恩斯（John Maynard Keynes）在 1946 年发表的文章《牛顿其人》（"Newton, the Man"）中将这些历史公之于众。但如今普遍认为，"现代科学"与"神秘主义"在 17 世纪的科学巅峰时期有所重叠。]——原注

（aura），病人可能会看见明亮闪烁的"之"字形图案缓慢地穿过视野。关于这些案例已有详细的描述和解释。但更为罕见的是，病人告诉我，在原先的"之"字形图案上还出现了复杂的几何图形，有时甚至被直接取代：斜格状、螺纹状、漏斗状、网状，持续不断地变换、旋转和调整。我查阅了近期出版的文献，但一无所获。带着满心的疑惑，我决定转向 19 世纪的相关论述，结果发现其内容远比现代文献完善，描写上也更加生动翔实。

　　我的第一份收获得自大学图书馆的善本区（凡出版于 20 世纪之前的书都被划归为"善本"），是一本关于偏头痛的旷世杰作，出版于 19 世纪 60 年代，作者是一位维多利亚时代的医师：爱德华·利文（Edward Liveing）。该书有一个绝妙但也略显冗长的标题：《论偏头痛、呕吐性头痛及某些同源失调：关于神经风暴的病理学》。[1] 这是一部行文迂回的鸿篇巨制，显然成书的时代较今日更为宽松，没有那么多条条框框。书里简略谈到我的许多病人描述过的复杂几何图案，并将我引

1　原书名为 On Megrim, Sick-Headache, and Some Allied Disorders: A Contri-bution to the Pathology of Nerve-Storms。

向一篇 1858 年的论文：《论感官视觉》（"On Sensorial Vision"），作者是约翰·F. 赫舍尔（John F. Herschel），一位杰出的天文学家。我感到付出的所有心血终于有了回报。赫舍尔详细描述的现象完完全全符合我病人所说的那些；他自己有亲身的体验，并大胆深入地推演了这种状态可能具备的特性和起源。他认为它们可能代表了感觉器官中的"某种无穷变幻之力"，一种原始的、先于个体产生的心智能力，是最原始的感知阶段，甚至是感知的前体。

在我与赫舍尔的观察结果中间相隔的一个世纪里，我再找不出比这些"几何图谱"（geometrical spectra，这是赫舍尔给它们起的名字）更充分的描述了。然而，我很清楚，20 个患者中可能就有一人偶尔伴有这种视觉先兆偏头痛。然而究竟是何原因，令这些惊人、极富个性、其特征模式的谵妄程度不容错辨的现象，长久以来一直无声无息、不为人知？

首先，一定有人观察到这些现象并提交了相关报告。1858 年，赫舍尔自述视觉"图谱"的同年，法国神经学家纪尧姆·迪歇恩（Guillaume Duchenne）出版了一本书，描述了一个患有我们今天所说的肌肉萎缩症的男孩；一年以后，他又追加了 13 个病例描述。他的观察结果迅速进入临床神经学的主流，肌肉萎缩症也被视为具有重大意义的疾病。外科医生开始到处"看到"（肌肉）萎缩症，几年之内又通过医学文献发表了 20 个病例。这种疾病一直存在，无处不在，不容错辨，但是在迪歇恩之前鲜有医师报告。[1]

与此同时，赫舍尔关于幻觉图案的论文却石沉大海。这或许是因为他并非进行医学观察的医师，只是充满好奇心的独立观察者。尽管他怀疑自己的观察具有某种科学价值、认为这样的现象可能让我们对大脑的认识发生飞跃，但是它们的医学意义并不是他的关注重点。他的论文没有发表在医学期刊上，而是发表在一份综合性科学期刊上。因为偏头痛通常被定义为一种"医学"状况，所以赫舍尔的描述没有引起重视，被利文简短提到之后，这些论述被医学界遗忘或者忽视了。某种意义上，赫舍尔的观察来得太早；如果这些发现旨在对大脑

---

1 迪歇恩最著名的学生让-马丁·沙尔科对此有如下评语："一个如此普遍、如此常见并且一眼就能看出的疾病……为何直到今天才为人所知？为何我们需要迪歇恩来睁开我们的眼睛？"——原注

和心智产生新的科学认知，那么19世纪50年代缺乏必要的条件，因为这两者之间的连接尚未出现——连接两者的必要概念还要等一个多世纪才会出现，那就是二十世纪七八十年代发展起来的混沌理论。

根据混沌理论，虽然不可能预测一个复杂动态系统中每个元素的个体行为（比方说，位于初级视觉皮层的个体神经元和神经元集群），但我们可以借由数学模型和计算机分析，在更高层级上辨识出图形。"全局行为"（universal behaviors）就能表征这类动态的、非线性系统自我组织的方式。这些行为在时空中倾向于以复杂重复的图案形式出现——正是那些我们在偏头痛的几何幻视中看到的网格状、螺纹状、旋涡状、网状的图案。

如今，人们已经从自然系统中广泛地识别出这类混沌和自组织行为，从冥王星古怪反常的运动、某些化学反应过程中出现的令人咋舌的现象，到黏菌的增殖和天气的变幻无常。有鉴于此，偏头痛先兆中的几何图案曾被认为无关紧要、不受待见，现在又突然变得重要起来。它以幻觉的表现形式向我们证实，发挥效力的不只是大脑皮层上的一个基础性活动，而是整个自组织系统，是一种全局性活动。[1]

~ ~ ~

为了寻觅偏头痛相关的论述，我不得不回到尘封的早期文献中，这些文献在我大多数同事眼中要么陈旧过时，要么已被取代。我发现自己正面临类似当年图雷特综合征遭遇的处境。我对这一症状的兴趣始于 1979 年，那时我借助左旋多巴"唤醒"了很多脑炎后帕金森综合征患者，眼看着他们迅速走出纹丝不动的出神状态，经过令人提心吊胆的短暂的"正常阶段"，又摆荡到另一个极端——激烈的多动、抽搐，很像半神话的"图雷特综合征症状"。之所以说"半神话"，是因为在 20 世纪 60 年代几乎没人提到图雷特综合征；它被认为是极其罕见的现象，或者很有可能是人为制造的。就连我也只是略有耳闻。

1　在《偏头痛》1970 年初版中描述偏头痛先兆现象时，我只能说凭当时现有的概念是"不可解释"的。但是在 1992 年的修订版里，我在同事拉尔夫·M. 西格尔（Ralph M. Siegel）的帮助下，总算能加入新的一章，借助混沌理论提供的新视角来探讨这些现象。——原注

事实上，1969 年我刚开始思考这个问题的时候——那时我的病人明显表现出图雷特综合征的症状——很难找到任何相关的参考资料，不得不再次回到上个世纪的文献：回到 1885 年和 1886 年发表的关于图雷特综合征的原始论文，还有自那之后提交的 12 份或更多份报告。那会儿是抽搐行为研究的黄金年代，各种描述和辨认层出不穷，大多用法语写就，1902 年出版的《抽搐及其治疗》（*Les tics et leur traitement*）标志了其巅峰期的到来。该书的作者是亨利·梅热（Henri Meige）和 E. 法因德尔（E. Feindel）。然而，从 1907 年该书被翻译成英语到 1970 年为止，这一症状本身似乎消失得无影无踪了。

为什么会这样？我不禁揣想，是不是不堪压力之故，因为从 21 世纪初叶开始，人们越来越要求对科学现象进行解释，而在此之前，单纯的描述就已令人满意。解释图雷特综合征尤其困难。图雷特综合征最复杂的症状不仅表现为不受控制地运动和发出噪声，还会表现为踌躇、强迫行为、沉迷、喜欢开玩笑和说双关语，他们游走于各种边界之间，会发出社交挑衅和产生细致的幻想。尽管有人试图用精神分析术语解释这些症状，可能适用于一些现象，但对另一些无能为力；这里显然有器质性因素在起作用。1960 年，人们发现对多巴胺有阻断效果的氟哌啶醇能够根除许多图雷特综合征的症状，这便引发了一种更有利于追溯的假设——图雷特综合征本质上是一种由化学物质引发的疾病，其源头就是多巴胺这种神经递质过量（或者对多巴胺过于敏感）。

有了这个令人安心的还原论解释，图雷特综合征再次一跃成为显学，而且它的发生率似乎一跃增长了 1 000 倍。（现在普遍认为，平均每 100 人中就有一人患有该症。）如今，对图雷特综合征的研究如火如荼，但是这种研究主要局限在分子和基因层面。这些结果或许能部分解释图雷特综合征总体具有的易兴奋性，但是不太有助于我们理解这些患者倾向于戏闹、幻想、表演模仿秀、模拟、梦幻、炫示、挑衅和玩耍的特定表现。一方面，我们已经从一个单纯描述的时代进入了一个积极研究和解释的时代；另一方面，图雷特综合征本身在这个过程中被打碎分解，不再被视为一个整体。

这种碎片化现象似乎普遍发生于科学发展中的某个阶段，通常紧接在单纯描述之后。但是，总有一天，这些碎片必须以某种方式收拢起来，再次呈现为内在连贯的整体。这要求我们加深对从神经生理学到心理学再到社会学等各个层面上的决定性因素的理解——还有它们之间连续不断、错综复杂的互动。[1]

~~~

　　1974年，我经历了某种神经心理体验，当时我已从医15年，见过不少有各种神经状况的病人。我在挪威偏远地区登山时，左腿的神经和肌肉严重受损；我需要做手术修复肌腱，也需要时间来让神经愈合。手术后的两周内，我的腿打着石膏动弹不得，它被夺走了知觉和运动，已经不再是我的一部分。它似乎变成了一个无生命的客体，不真实，不属于我，像不可理解的异物。

---

[1] 精神病学成为一门医学专科的过程，某种意义上也与此类似。如果我们考察20世纪二三十年代那些收容所和国营医院所收录的病历表，会发现极其详细的临床和现象学观察，叙述中通常会嵌入一些堪比小说的丰富细节和紧张情节［一如世纪之交时埃米尔·克雷珀林（Emil Kraepelin）和其他人的经典描述］。有了严格的诊断标准和守则［《精神障碍诊断与统计手册》（*Diagnostic and Statistical Manual*），简称*DSM*］之后，这种丰富性、细节和现象学的开放性消失了，取而代之的是贫乏的笔记，不但未能勾勒出病人真实的肖像和他的世界，还将他和他的病简化为一张"主要"和"次要"诊断标准的清单。今天医院里给出的精神病诊断信息几乎全无深度和密度，对我们迫切需要整合神经科学和精神病学知识的综合性工作毫无用处。然而，"旧"病史和病例依然深具价值。——原注

但是当我试图和我的主治医生交流这种感受时，他说："萨克斯，你很特别。从来没有病人跟我说过这些。"

我觉得这很荒谬。我怎么可能是"特别"的？我心想，就算我的主治医生没听说过，一定还有别的病人这样吧。等我可以走动以后，我开始和病友们聊天，我发现他们中的很多人都有过类似的"异肢"体验。一些人觉得这种感觉很诡异，令他们害怕，所以试图把这种感觉抛在脑后；另一些人则暗自担心，没有把这些想法告诉其他人。

离开医院后，我去了趟图书馆，决心把和这个主题相关的文献全部搜罗出来。3 年的时间，我一无所获。然后我遇到了赛拉斯·韦尔·米切尔的报告。他是一名美国神经学家，南北战争时期就职于费城一家收容截肢人员的医院。他仔细、全面地描述了截肢人员感觉自己失去的肢体部分被"幻肢"（或者如他所写的，"感官的幽灵"）取代的体验。他还写过"负向幻肢"，指的是受到重伤和经历手术之后，人从主观上抹除和异化肢体的行为。他极度沉迷于这些现象，甚至专门为此写了一份函件，于 1864 年由美国陆军军医总监办公室印发。

米切尔的观察激起了小小的水花，但很快便沉寂无声。等到"一战"时医护人员在治疗数千个神经创伤新病例的过程中重新发现这个症状时，已经过去了55年之久。1917年，法国神经学家约瑟夫·巴宾斯基［与朱尔·弗罗芒（Jules Froment）合作］出版了一本专著（他们明显无视了韦尔·米切尔的报告），其中描述的体验和我因腿伤所经历的一样。巴宾斯基的观察和韦尔·米切尔一样石沉大海。（1975年，当我最终在我校的图书馆里看到巴宾斯基的书时，我发现自己竟是自1918年以来第一个借阅此书的人。）"二战"期间，该症状第三次在两位苏联神经学家阿列克谢·列昂季耶夫（Aleksei N. Leont'ev）和亚历山大·扎波罗热茨（Alexander Zaporozhets）手中得到全面详尽的描述——依然无视前人的成果。然而尽管他们的著作《手部功能康复》（Rehabilitation of Hand Functions）已在1960年被翻译成英文，但他们观察到的现象在神经学家和康复专家眼里还是仿佛不存在一样。[1]

1　近几十年来，大量战时截肢人员的叙述为幻肢现象的研究和理解注入了新血，丰富了更多研究，也带动了现代假体技术的蓬勃发展。我在拙作《幻觉》里详细探讨过幻肢症状。——原注

无论是韦尔·米切尔和巴宾斯基的工作，还是列昂季耶夫和扎波罗热茨的工作，似乎都掉入了一个历史或文化的盲点，或者借用奥威尔的话说，掉进了"忘怀洞"。

随着这个近乎怪异的故事在我手上慢慢拼凑起来，我越发同情那个说自己从未听说过类似症状的主治医生。这种症状并非罕见：只要无法活动或神经损伤导致任何关键的本体感觉或其他感官反馈丧失，就一定会出现。但是为什么把这些叙述老老实实记录在案、在神经学知识和认识里赋予它应有的地位就这么难呢？

神经学家所说的"盲点"（源自希腊语中的"黑暗"一词）指的是感知上的分解或裂隙，尤其是神经损伤引起的断裂。［可以是任何程度的损伤，从外周神经（也就是我遇到的情况）到大脑的感知皮层。］如果让有这种盲点的病人说说正在经历什么，那会特别困难。将这些经验变成盲点的正是他自己，因为受影响的那条腿不再是他内在身体意象的一部分。这种盲点就是字面意义上的不可想象性，除非亲身经历。这也是为什么我半开玩笑地建议，大家在脊椎麻醉的状态下阅读我的《单腿站立》（*A Leg to Stand On*），这样就能亲身体验到我所描述的感觉了。

~ ~ ~

　　现在我们把幻肢这种有些怪诞猎奇的领域放到一边，来谈谈一个更正面的现象（但依然很不合理地被忽视、被盲点化了）：大脑皮层受伤或出现障碍后引发的后天性皮质色盲或者全色盲。（这和普通色盲截然不同，后者是视网膜上一个或多个感受色觉的视锥细胞异常所致。）之所以选这个例子，是因为我在机缘巧合下知道了这个病症，有位病人在给我的信里描述了这种状况，我便顺势做了点研究。[1]

　　考察全色盲的历史时，我再次遭遇了显著的断层或者说时代错误。后天性皮质色盲，还有比它更戏剧性的偏侧色盲（仅有半边视野失去色彩感知能力），是脑卒中之后突发的状况。1888 年，瑞士神经学家路易·韦雷

1　暂且称呼这位病人为 I 先生，他是一位画家，直到出车祸之前都拥有正常色觉，在那之后突然失去了所有色彩辨识力，因此正如我在《火星上的人类学家》里描述的那样，他的全色盲是"后天获得的"。但还有一些人是天生的全色盲，我在拙作《色盲岛》里探讨过。——原注

（Louis Verrey）给出了示范描述。韦雷在病人死后对其进行解剖，由此界定了脑卒中给视觉皮层造成损伤的具体区域。他预言，在这里，"我们必将发现色彩感知中心"。数年之内，又有类似的报告问世，描述了色彩感知问题以及受到哪些损伤会引发这些状况。全色盲及其神经基础似乎业已确立。但奇怪的是，自那之后，相关文献讨论突然沉寂——整整75年没有一篇完整的报告面世。

安东尼奥·达马西奥和萨米尔·泽基（Semir Zeki）都讲述过这个故事，他们不但学术功底扎实，分析问题的眼光也极其独到。[1] 泽基认为，韦雷的发现在发表之初就遇到了阻力，这种抗拒和漠视根源于一种深层的、可能是无意识的哲学态度——根据当时占支配地位的信念，视觉是无缝衔接的。

认为视觉世界总是以信息和意象示人，配有色彩、

---

[1] 达马西奥的相关评述参见1980年他在《神经学》（*Neurology*）期刊上发表的《中央色盲：行为学、解剖学、生理学层面》（"Central Achromatopsia: Behavioral, Anatomic, and Physiologic Aspects"）一文。泽基撰写的韦雷与其他人的评传参见1990年《大脑》（*Brain*）上刊登的访谈文《脑色盲的世纪》（"A Century of Cerebral Achromatopsia"）。——原注

形式、运动和纵深，有这种想法很自然，也符合直觉，牛顿光学和洛克式的感官经验论似乎都能为此背书。显微描绘仪以及后来发明的摄影术，似乎都例证了这种机械论式的感知模型。为什么大脑不该如此运作呢？很明显，色彩是视觉图像不可或缺的组成部分，不能割离。毫无疑问，唯独缺失色彩感知，或者说大脑中丢失了一个色彩感知中心，这听起来就不可理喻。韦雷必须是错的，这种荒诞不经的观念必须被不假思索地舍弃——就这样，全色盲"消失"了。

当然，还有其他因素发挥了作用。达马西奥写道，当戈登·霍姆斯（Gordon Holmes）就200个视觉皮层损伤病例发表相关研究结果时，他总结性地指出，没有一个病例显示出单独的色彩感知缺陷。霍姆斯是神经学界的执牛耳者，他基于经验对色彩中心论所抱有的敌意，在三十多年中不停重温，其影响与日俱增，这也是阻碍神经学家识别这个症状的主要因素之一。

将视知觉理解为某种无缝统合的"给定之物"，这种观念在20世纪五六十年代从根基处产生了动摇。戴维·休伯尔（David Hubel）和托尔斯滕·维泽尔

（Torsten Wiesel）表明，视觉皮层中存在某种细胞或细胞柱，它们发挥了"特征探测仪"的作用，对视域中的平面、垂直、边缘、并列或其他特征尤为敏感。一种全新的观念开始发展：视觉有组成元件，视觉表征在任何意义上都不是整装安排好的（一如光学图像或照片那样），而是由各种过程之间无数复杂、精细的关联建构而成。视知觉现在被视作一种合成物，一种模块，是大量组成元件之间互动的结果。视知觉的整合和无缝衔接必须由大脑来完成。

因此，到了 20 世纪 60 年代，视觉的形成原理越发清晰，这是一个分析性过程，有赖于大量对刺激的感受性有所差异的脑系统和视网膜系统，每一个都对应不同的知觉元件来产生反应。正是在这种对次系统及其统合较为包容的氛围中，泽基在猴子的视觉皮层上发现了感应波长和色彩的特化细胞，并且他指出的位置，差不多就是韦雷 85 年前提议的视觉中心之所在。泽基的发现将临床神经学家从近一个世纪之久的桎梏中解放出来。不出几年，学界便涌现出大量全色盲的新病例。这次，全色盲终于得以正名，被正式视为一种神经系统疾病。

全色盲之所以被忽略和"消失"，观念上的偏见必须为此负责，这点可以从与运动失认症研究截然相反的发展历程中得到佐证。运动失认症是一种更罕见的神经疾病，约瑟夫·齐尔和他的同事在1983年报告过一个病例。[1] 齐尔的病人在人或车静止的时候可以看见它们，可一旦开始移动，这些事物就从她的意识中消失了，直到以静止的状态在另一个地方重现为止。泽基注意到，这个案例"立即得到了神经病学……和神经生物学界的承认，没有半点疑义……和全色盲的多舛命运完全相反"。之所以会有如此戏剧化的差别，和报告提出之前那几年间学术环境的深刻变化有关。20世纪70年代，已有证据表明，猴脑有一个专门聚集了运动感知神经元的区域，位于次级视皮层，不到10年时间，功能分区的观念已经深入人心。不再有任何观念上的理由去否定齐尔的发现——事实恰好相反，它们作为契合了时代氛围的绝佳临床证据被欣然接纳。

在格式塔心理学方面开创出先驱性研究之前，沃尔

1　关于齐尔的案例，我在前一篇《意识的河流》里已有过细致讨论。——原注

夫冈·科勒（Wolfgang Köhler）发表于 1913 年的第一篇论文指出，要格外注意例外情况，不应以为微不足道而忽略不计或抛诸脑后。在这篇名为《关于未被注意到的感知和判断失误》[1] 的论文中，科勒写道，科学尤其是心理学中不成熟的简化和系统化可能导致学科僵化，阻碍关键进展的获得："每一门科学都有一个小阁楼，那些当下无用、不够贴切的东西被自动堆进这个阁楼……我们一直在把大量有价值的材料扔到一边，不去使用，［这会］阻碍科学的发展。"[2]

科勒撰写这篇论文时，视幻觉被视为"判断失误"，被认为是无足轻重的现象，和心脑研究没有太大干系。但是科勒很快向我们证明事实恰好相反，这类幻觉反而最清晰无疑地证明了感官并不只是消极地"处理"刺激，而是积极地创造更大的图形或"完形"（格式塔），来组织整个知觉区。如今，这些洞见已成为支撑一种全新大脑观的基石：我们的大脑是动态的，不断生成的。

1　论文原名为 "On Unnoticed Sensations and Errors of Judgment"。
2　达尔文曾论述过"负面例子"或"例外"的重要性，认为遇到这些例子就必须立刻记录下来。不这么做的话，"它们一定会被忘掉"。——原注

但是，首先要抓住的是"反常"，也就是与业已接受的参照框架相反的现象，借由关注这些现象来扩大和革新这个认知框架。

~ ~ ~

我们是否可以从我刚才讨论的例子里学到什么？我认为一定可以。首先我们可以引出"早熟"（premature）的概念，根据这一概念，赫舍尔、韦尔·米切尔、图雷特以及韦雷在19世纪的观察被视为领先于时代的发现，因此无法被整合进同时代的既存观念中。贡特尔·斯滕特（Gunther Stent）在1972年思考科学发现的"早熟"问题时写道："如果一个发现的意义不能通过一系列简单的逻辑步骤，连接到经典的或者被普遍接受的知识，那它就是早熟的。"斯滕特在讨论这个问题时列举了孟德尔的经典案例，孟德尔在植物遗传学上所做的工作远远领先于他的时代。除此之外，还有罕为人知但同样迷人的奥斯瓦尔德·埃弗里（Oswald Avery）的事例：他在1944年发现了DNA，当时被彻底忽视了，因为没有人能够领会到它的重要性。[1]

如果斯滕特不是分子生物学家而是遗传学家，他或许会想起遗传学先驱芭芭拉·麦克林托克（Barbara McClintock）的故事，她于 20 世纪 40 年代发展出了对同时代人来说难以理解的理论：转座子。30 年后，当生物学界的整体氛围对这类观念更加包容，麦克林托克为遗传学所奠立的贡献才得到追认。

如果斯滕特是地质学家，他或许会提供另一个著名（或非著名）的关于早熟的案例。阿尔弗雷德·魏格纳（Alfred Wegener）的大陆漂移理论自 1915 年提出之后，很多年间都备受冷落或嘲弄，40 年后随着板块构造理论的兴起，终于重见天日。

如果斯滕特是数学家，他甚至可能引用一个更惊人的例子来说明"早熟"：两千年前，阿基米德就发明了微积分，远早于牛顿和莱布尼兹。

1　斯滕特的论文《科学发现中的早熟性和独特性》（"Prematurity and Uniqueness in Scientific Discovery"）发表于《科学美国人》（*Scientific American*）1972 年 11 月号。两个月后，我和 W. H. 奥登（W. H. Auden）在牛津见面，他正为斯滕特的论文倾倒不已，我们花了很多时间讨论。奥登给斯滕特写了很长的回复，将艺术和科学的思想史加以比较，后发表于《科学美国人》1973 年 3 月号。——原注

如果他是天文学家，他可能不只谈论被遗忘的发现，还会提及天文学历史上最严重的一次倒退。公元前3世纪，阿里斯塔克斯就已明确勾勒出以太阳为中心的太阳系图景，被希腊人广泛认可和接受。（后来亚里士多德、喜帕恰斯和埃拉托色尼对此进一步做出阐释和扩充。）然而5个世纪后，托勒密颠覆了这一认识，并提出了一种无比繁复的地心说理论。托勒密带来的黑暗——"盲点"——整整持续了1 400年，直到哥白尼重新确立了日心说。

　　令人惊讶的是，"盲点"——这种普遍存在于所有科学领域中的遗忘，不仅涉及"早熟"，也关乎知识的得而复失，还有对一度已被明确的洞见的遗忘，有时候甚至会退化为洞察力更弱的解释。是什么使某种观察或新的想法更容易被接纳、被讨论，并且被记住？是什么妨碍某个发明或发现被世人所知，尽管它的重要性和价值那么明显？

　　弗洛伊德或许会以"阻抗"（resistance）来回答上述问题：新观念要么极具威胁性，要么令人厌恶，因此不能被完整地纳入意识之中。很多时候确然如此，但是这种理解将一切简化成了心理驱力和动机，哪怕在精神分析领域，这种解释也是不充分的。

在一息之间，仅仅领会什么、抓住什么，这还不够。大脑必须能够容纳它，留住它。第一个障碍在于让自己去直面新观念，去创造一个精神空间、一个拥有潜在连接的范畴——然后将这些观念全面、稳定地纳入意识，赋予其相应的概念形式，存入脑中，即便它们同你已有的概念、信念或范畴相悖。这个收容的过程也是意识扩容的过程，从根本上决定了某个观念和发现是生根发芽、结出果实，还是被遗忘、消逝、后继无人。

~ ~ ~

在前文中，我们讨论了一些发现或观念，它们因过早被提出而几乎无法生出任何连接或脉络，正因为如此，它们在当时不被理解或遭到忽视；我们还讨论了另一些发现或观念，它们在科学研究必然经历但通常又非常残酷的竞争中遭受猛烈质疑。很大程度上，科学和医学的发展是在学术竞争中逐步成形的，这迫使科学家直面异常现象和根深蒂固的意识形态。这类以开放直接的辩论和测试来开展的竞争，对科学发展来说至关重要。[1] 这是"纯净的"科学，其中友好或共同商议的竞争不断增进我们的理解；但是，除此之外也还有为数不少"肮脏的"科学，其中的竞争和对立变得充满恶意、相互妨碍。

如果科学的一面立足于竞争和对立的领域，那它的另一面立足于认识论上的误解和分歧，这些误解和分歧通常至为根本。爱德华·O. 威尔逊（E. O. Wilson）在他的自传《大自然的猎人》（*Naturalist*）中提到，詹姆斯·沃森（James Watson）认为威尔逊在昆虫学和分类学上的早期研究只不过是在"集邮"。这种轻蔑的态度在 20 世纪 60 年代的分子生物学家当中十分普遍。（类似地，那个年代的生态学很少被授予"真正的科学"地位，相较于分子生物学等显学，生态学依然被认为不够"硬核"——这种观念模式目前才刚刚出现转变。）

1　达尔文煞费苦心地申明自己没有先导者，演化论并不是传承下来的思想。尽管我们都熟知牛顿那句"站在巨人肩膀上"的名言，但牛顿同样否认自己有先导者。这种"影响的焦虑"（哈罗德·布鲁姆曾在讨论诗歌史时充分论述过）有力地推动了科学的发展。为了成功建立和展露自己的观念，我们可能不得不相信别人是错的；正如布鲁姆坚称的那样，我们可能不得不误解他人，（或许是无意识地）反击他人。（尼采写过："每一种才华，都必须在战斗中展露自己。"）——原注

达尔文常说，好的观察者必须同时是一个积极的理论家。正如达尔文的儿子弗朗西斯所言，"他身上仿佛充满了理论化的力量，准备好稍有扰动便顺势进入任何一条推论的激流，无论收集到什么事实，哪怕再微小，都能生成一连串理论，事实由此被放大到极为重要的地位"。不过，理论可能会成为诚实观察和思考的最大敌人，尤其是当它固化为不言自明、或许是无意识的教条或预设时。

从根基处破坏一个人既有的信念和理论，或许是一个极其痛苦甚至恐怖的过程——痛苦是因为我们的精神生活由理论支撑，无论有意识地还是潜意识地，有时候还会被灌注意识形态或自欺的动力。

在一些极端例子里，科学争议可能会摧毁敌方的某个信念系统，甚至破坏整个文化群体的信仰。1859 年《物种起源》的出版引发了科学与宗教的激烈论辩（具体表现为 T. H. 赫胥黎与威尔伯福斯主教之间的对决），还有阿加西猛烈又颇为悲情的后卫行动；阿加西感觉到，他的毕生事业、他的造物主观都被达尔文的理论连根拔起。他因为害怕被抹去而严重焦虑，甚至亲自跑去加拉帕戈斯群岛，试图通过复制达尔文的经验和发现来驳斥演化论。[1]

伟大的博物学家菲利普·H. 戈斯（Philip H. Gosse）同时也是一名虔诚的信徒，围绕自然选择导致演化的争议使他饱受折磨。他受此驱使出版了一本无与伦比之作：《肚脐》（*Omphalos*）。他在书中坚称化石并不对应于所有存在过的生物，那不过是造物者放进石头里的，目的是谴责我们的好奇心——这个观点的别样之处在于，它把动物学家和神学家都惹恼了，虽然各有原因。

我偶尔会感慨，混沌理论居然不是牛顿或伽利略发现的；他们一定很熟悉比如日常生活中随处可见的湍流和旋涡现象（达·芬奇也用画笔完美地描绘过）。或许他们竭力避免去思考它们的含义，已然预见了这些现象具有的颠覆性潜力，将推翻理性有序、按照规律运转的自然观。

这或许大抵就是两个世纪后亨利·庞加莱的内心感受吧，当时他率先研究出了混沌的数学结果："这些事

---

[1] 在戈斯眼中仿佛一目了然的大自然运作机制，反过来也令达尔文深感骇然。1856年，达尔文在一封写给友人约瑟夫·胡克的信中表达过这样的看法："本书的作者大概是魔鬼的牧者，他笔下的大自然运作得何等笨拙、糟心、粗糙低劣又可怕残酷。"——原注

情实在太古怪了，我没办法不去思量它们。"如今我们发现了混沌图形之美，看到了自然之美的崭新维度——但是，这显然不是庞加莱最初看到的样子。

谈起这种抵触心理，20世纪最著名的例子无疑是爱因斯坦，他对量子力学机制看似非理性的本性极为反感。尽管他本人是论证量子过程的先驱之一，他认为量子力学机制只是自然过程的浅层表征，一旦深入考察，就会让位于一个更和谐、更有序的自然过程。

~ ~ ~

对伟大的科学进步而言，偶然性和必然性往往相互依存。假使沃森和克里克没有在1953年破译DNA的双螺旋结构，莱纳斯·鲍林也完全可以。不妨说，DNA结构已经唾手可得，尽管谁来发现、如何发现、具体何时发现是莫能预测的。

最伟大的创造性成就不仅缘于杰出天才的参与，也因为他们所遭遇的问题具有压倒一切的普遍性和重要性。16世纪是天才的世纪，不只因为天才云集，也因为对物理世界运作规律的理解。这些自然法则自亚里士多德时代以降多多少少僵化了，但那时已经开始逐渐让位于伽利略和其他相信数学才是大自然的语言的人。类似地，17世纪是收获微积分的时节，由牛顿和莱布尼兹同时发明出来，尽管他俩的发现之路完全不同。

到了爱因斯坦的时代，人们越来越清楚，旧的机械论式的、牛顿主义的世界观越来越不足以解释光电效应、布朗运动、接近光速时的力学变化等各种现象——因此旧有的认知不得不分崩离析，在崭新的概念诞生之前留出令人畏惧的知性真空。

但是爱因斯坦也一再声明，新理论不会使旧理论无效或者取代旧理论，而是"让我们可以从更高的层面回收旧有的概念"。他用一个著名的比喻展开了这一观点：

> 打个比方，创造一种新理论不是破坏一个老谷仓，然后在原地竖起一幢摩天大楼。它更像登山，沿途领略新的风景，不断开拓视野，在我们的出发点和周围丰富的环境之间发现出人意料的连接。但是，我们的出发点还在那儿，还能看见，尽管它变得越来越小，在我们一路披荆斩棘、最终开辟出的广阔视野中只占一小部分。

亥姆赫兹在他的回忆录《关于医学的思考》(*On Thought in Medicine*)里也用了登山的意象(他是一名热忱的登山客),在他的描述里,攀爬过程无论如何都不会是线性的。他写道,你不能预想怎样爬一座山;唯有通过试错。这个很有思考能力的登山客开头就犯了错误,转进了死路,发现自己处在一个站不住脚的位置上,经常不得不沿路折返,下山,然后从头来过。缓慢地,痛苦地,历经无数次犯错和纠正,一路七拐八绕,终于登上了山顶。只有来到顶峰之后,他才能看见一条通往山顶的笔直路线,一条坦途。亥姆霍兹在论述自己的观点时说,他在引领读者走上这条坦途,但这条路和他自己披荆斩棘时所经历的痛苦且迂回的过程毫无相似之处。

很多情况是,我们对必须做什么有一个直觉的、大概的愿景,这个愿景一旦映入视野,就会推动智者前行。因此,爱因斯坦15岁时曾经幻想自己骑在一道光束上,10年之后他发展出了狭义相对论,从一个男孩的梦一步步走向最宏大的理论。狭义相对论以及后来的广义相对论的出现是否从属于一个正在进行的、不可避免的历史进程?还是说,它是某种奇点,是某个独一无二的天才横空出世的结果?如果没有爱因斯坦,相对论还会孕生出来吗？如果没有 1919 年的日食，如果人们没有借这次千载难逢的机会精确观测到光受到太阳引力的影响而发生偏折，从而和广义相对论的预测达成一致，这个理论又需要多久才会被世人接纳？我们可以在这个例子中觉察到偶然性——还有一点非常关键，那就是不可或缺的技术支持，需要达到能够精确测量出水星运行轨道的水平。无论是"历史进程"还是"天才"，这两种解释都掩盖了现实的复杂性和捉摸不定的偶然性。

"机遇青睐有准备的大脑。"这是克劳德·贝尔纳的名言，爱因斯坦当然是高度警觉的，时刻准备感知并抓住可用的一切。然而，假如黎曼和其他数学家没有发展出非欧几何学（作为一种纯抽象建模，丝毫无意于将其应用到任何物理世界模型上），爱因斯坦就不会有技术工具帮助他从一个模糊的愿景走向羽翼丰满的理论。

在创造性进展如魔法般一挥而就之前，必须先有大量独立、自主的个体因素汇聚起来，任何一个因素的缺席（或发展不充分）都足以构成阻碍。其中有世俗方面的因素，比如充足的资金支持和机遇，健康状况和社会支持，个人出生的时代；还有一些因素与内在个性和思维能力的强弱有关。

在 19 世纪这样一个热衷于自然主义描述和现象学细节的时代，具象的思维习惯似乎与之相称，抽象的或者推论式的思维习惯则显得不合时宜。威廉·詹姆斯在一篇关于杰出生物学家和博物学家路易·阿加西的论文里，对这种态度有过绝妙的描述：

> 他唯一珍爱并为他所用的是为他带来事实的人。看见事实而非辩论或 [说理]，是他生命的意义。我想他一定经常诅咒那些爱好推论的头脑……他对具象学习模式毫无保留地信奉，这是其独特心智模式的自然结果。拥有这种心智的人，他在抽象化、因果推论以及从假设中推导出一系列结果方面的能力，会远远落后于熟习大量细节、抓住更恰切和更具体的类比与关联的能力。

詹姆斯描述年轻的阿加西如何在 19 世纪 40 年代来到哈佛，"研究大陆的地质学和植物学，培训了一批动物学家，奠立了世界级的博物馆，为美国科学教育注入了新鲜血液"——阿加西就是凭借对现象和事实、化石和活体的一腔挚爱，诗意且具象的心智习性，还有他对神圣统一体抱有的科学意识和宗教感，而达成了这一切成就。但是，事情发生了变化：动物学本身从一种博物学，从致力于物种发现、形态描述及其分类关系的整体式研究，转向了对生理学、组织学、化学和药理学的研究——这是一门全新的科学，研究的是微观世界、具体机制和各个组成部分，从有机体及其作为整体组织的统合感觉中抽离出来。没有什么比这门新科学更刺激、更有说服力了，然而，很显然这个过程中也丢失了某些东西。阿加西的头脑无法适应这个转变，因此他晚年被排挤出科学思想的中心，成了一个行事古怪的悲剧人物。[1]

在我看来，相比于科学，偶然性和纯粹运气（无论好坏）在医学发展中的关键作用更为明显，因为医学通

---

[1] 和阿加西一样，汉弗莱·戴维也是具象和类比思维的天才。他缺乏同时代人约翰·道尔顿（John Dalton，原子理论的奠基者）那样强大的抽象概括能力，也不具备同时代的约恩斯·贝尔塞柳斯（Jöns Berzelius）那样高屋建瓴的系统化能力。因此，1810年，戴维从"化学界的牛顿"的偶像宝座上跌落，在之后的15年里几乎被彻底边缘化了。随着1828年弗里德里希·维勒（Friedrich Wöhler）合成尿素，新兴的有机化学——一个戴维毫无兴趣也一无所知的新领域立刻取代了"老"的无机化学，令戴维晚年倍感落伍和过时。

让·埃默里（Jean Améry）在他的杰作《论衰老》（On Ageing）里谈道，无足轻重、过时落伍的感觉如何折磨着人们，尤其人们因新的方法、理论或系统的兴起而从理智上意识到过时的感觉。在科学中，一旦发生重大的思想转型，几乎立刻会引发这种感觉。——原注

常极度倚赖罕见的、甚至是独一无二的案例——在正确的时间，被正确的人遇到。

超绝记忆力无疑十分罕见，苏联的所罗门·舍列舍夫斯基（Solomon Shereshevsky）是其中的佼佼者。但是，如果舍列舍夫斯基当年没有遇见鲁利亚（一个善于临床观察、有极强洞察力的奇才），或许今天只会作为"另一个超绝记忆力的个案"被世人记住（如果还有人记得的话）。必须有鲁利亚的天才，以及他在长达30年的时间里孜孜不倦地探究舍列舍夫斯基的心理过程，这一切加起来才能孕育出《记忆大师的心灵》（*The Mind of a Mnemonist*）这样伟大的作品。

与此相反，癔症现象并非罕见，自18世纪以来已被详尽阐述。但是直到一位光芒四射、慧心善言的癔症患者遇到了具有独创性思维的年轻天才弗洛伊德和他的友人布罗伊尔[1]，这一现象才得以从心理动力学层面探究。我们不禁揣测，如果安娜·O. 没有遇到弗洛伊德和布罗伊尔那样高度敏锐且有所准备的心灵，精神分析还

---

1 约瑟夫·布罗伊尔（Josef Breuer，1842—1925），19世纪80年代与弗洛伊德一起紧密工作的奥地利心理医生。

会起步吗?(我相信它一定会的,只是晚一些,方式变一变。)

科学的历史能否像生命那样,以完全不同的方式重新起步?是否观念的演化也类拟于生命的演化?短时间内的巨大进展,必然伴随着相关活动的猛增。20世纪五六十年代的分子生物学如此,20世纪20年代的量子物理学亦然。在过去的数十年中,神经科学的基础研究也出现了类似的爆发。新发现的大爆发改变了科学的面貌,紧跟其后的通常是漫长的巩固期,也是相对稳定的时期。这让我想起奈尔斯·埃尔德雷奇(Niles Eldredge)和斯蒂芬·J. 古尔德描绘过的"间断平衡"(punctuated equilibrium)的图景,至少在这一点上,科学史可以类拟于自然的演化过程吧?

和生命一样,观念以全然不可预知的方式崛起,开枝散叶,或者中途流产,绝迹于世。古尔德很喜欢说的一句话是,如果地球生命的演化可以从头来过,那么再来一回一定是另一种样子。假设约翰·梅奥真的在17世纪70年代发现了氧气,或者查尔斯·巴贝奇(Charles Babbage)在1822年提出差分机(也就是现在的计算机)的理论模型时实际打造出一台,科学的进程会不会变得很不一样？当然，这些不过是奇思异想，却令我们痛切地感受到科学并非历史必然，而是一个至为偶然的发生。

关于作者的说明

　　1933 年，奥利弗·萨克斯出生于伦敦。他在牛津大学学医，随后在加州大学洛杉矶分校（UCLA）完成了住院医师培训。在接下来的五十多年里，他在纽约各大慢性病机构担任神经科医生，包括布朗克斯区的贝斯·亚伯拉罕康复与护理中心，以及由安贫小姊妹会（Little Sisters of the Poor）监管的数家护理机构。

　　萨克斯被《纽约时报》誉为"医学界的桂冠诗人"，最脍炙人口的作品是其神经病患的个案史合集，包括《错把妻子当帽子》《脑袋里装了 2000 出歌剧的人》《火星上的人类学家》《幻觉》。《洛杉矶时报》写道："一次又一次，萨克斯邀请读者设身处地想象不同于自己的心智，鼓励一种激进的共情。"

《苏醒》讲述了一群 20 世纪早期流行的昏睡性脑炎幸存者，在其启发下拍摄的由罗宾·威廉姆斯和罗伯特·德尼罗担纲主演的同名电影，获 1990 年奥斯卡奖提名。

萨克斯博士是《纽约客》和《纽约书评》及其他多本杂志的活跃供稿人，英国皇家内科医师学院院士，美国艺术与文学学院成员，美国艺术与科学学院院士。2008 年，英国女王伊丽莎白二世授予他大英帝国司令勋章（CBE）。

萨克斯博士是纽约植物园理事会成员，2011 年被授予该园的最高荣誉——金奖。

2008 年，为纪念萨克斯 75 岁生日，小行星 84928 以他的名字命名。

2015 年，其自传作品 *On the Move*（中文版为《说故事的人》）出版数月后，萨克斯博士于纽约去世。

更多关于萨克斯博士和奥利弗·萨克斯基金会的信息，可访问：www.oliversacks.com。

参 考 文 献

Améry, Jean. 1994. *On Aging.* Bloomington: Indiana University Press.

Arendt, Hannah. 1971. *The Life of the Mind.* New York: Harcourt.

Armitage, F. P. 1906. *A History of Chemistry.* London: Longmans Green.

Bartlett, Frederic C. 1932. *Remembering: A Study in Experimental and Social Psychology.* Cambridge, U.K.: Cambridge University Press.

Bergson, Henri. 1911. *Creative Evolution.* New York: Henry Holt.

Bernard, Claude. 1865. *An Introduction to the Study of Experimental Medicine.* London: Macmillan.

Bleuler, Eugen. 1911/1950. *Dementia Praecox; or, The Group of Schizophrenias.* Oxford: International Universities Press.

Bloom, Harold. 1973. *The Anxiety of Influence.* Oxford: Oxford University Press.

Braun, Marta. 1992. *Picturing Time: The Work of Etienne-Jules*

Marey (1830–1904). Chicago: University of Chicago Press.

Brock, William H. 1993. *The Norton History of Chemistry*. New York: W. W. Norton.

Browne, Janet. 2002. *Charles Darwin: The Power of Place*. New York: Alfred A. Knopf.

Chamovitz, Daniel. 2012. *What a Plant Knows: A Field Guide to the Senses*. New York: Scientific American/ Farrar, Straus and Giroux.

Changeux, Jean-Pierre. 2004. *The Physiology of Truth: Neuroscience and Human Knowledge*. Cambridge, Mass.: Harvard University Press.

Coleridge, Samuel Taylor. 1817. *Biographia Literaria*. London: Rest Fenner.

Crick, Francis. 1994. *The Astonishing Hypothesis: The Scientific Search for the Soul*. New York: Charles Scribner.

Damasio, Antonio. 1999. *The Feeling of What Happens: Body and Emotion in the Making of Consciousness*. New York: Harcourt Brace.

Damasio, A., T. Yamada, H. Damasio, J. Corbett, and J. McKee. 1980. "Central Achromatopsia: Behavioral, Anatomic, and Physiologic Aspects." *Neurology* 30 (10): 1064–71.

Damasio, Antonio, and Gil B. Carvalho. 2013. "The Nature of Feelings: Evolutionary and Neurobiological Origins." *Nature Reviews Neuroscience* 14, February.

Darwin, Charles. 1859. *On the Origin of Species by Means of Natural Selection; or, The Preservation of Favoured Races in the Struggle for Life*. London: John Murray.

——. 1862. *On the Various Contrivances by Which British and Foreign Orchids Are Fertilised by Insects*. London: John Murray.

——. 1871. *The Descent of Man, and Selection in Relation to Sex.* London: John Murray.

——. 1875. *On the Movements and Habits of Climbing Plants.* London: John Murray. Linnaean Society paper, originally published in 1865.

——. 1875. *Insectivorous Plants.* London: John Murray.

——. 1876. *The Effects of Cross and Self Fertilisation in the Vegetable Kingdom.* London: John Murray.

——. 1877. *The Different Forms of Flowers on Plants of the Same Species.* London: John Murray.

——. 1880. *The Power of Movement in Plants.* London: John Murray.

——. 1881. *The Formation of Vegetable Mould, Through the Action of Worms, with Observations on Their Habits.* London: John Murray.

Darwin, Erasmus. 1791. *The Botanic Garden: The Loves of the Plants.* London: J. Johnson.

Darwin, Francis, ed. 1887. *The Autobiography of Charles Darwin.* London: John Murray.

Dobzhansky, Theodosius. 1973. "Nothing in Biology Makes Sense Except in the Light of Evolution." *American Biology Teacher* 35 (3): 125–29.

Donald, Merlin. 1993. *Origins of the Modern Mind.* Cambridge, Mass.: Harvard University Press.

Doyle, Arthur Conan. 1887. *A Study in Scarlet.* London: Ward, Lock.

——. 1892. *The Adventures of Sherlock Holmes.* London: George Newnes.

——. 1893. "The Adventure of the Final Problem." In *The Memoirs of Sherlock Holmes.* London: George Newnes.

——. 1905. *The Return of Sherlock Holmes.* London: George Newnes.

Edelman, Gerald M. 1987. *Neural Darwinism: The Theory of Neuronal Group Selection.* New York: Basic Books.

——. 1989. *The Remembered Present: A Biological Theory of Consciousness.* New York: Basic Books.

——. 2004. *Wider Than the Sky: The Phenomenal Gift of Consciousness.* New York: Basic Books.

Efron, Daniel H., ed. 1970. *Psychotomimetic Drugs: Proceedings of a Workshop ... Held at the University of California, Irvine, on January 25–26, 1969.* New York: Raven Press.

Einstein, Albert, and Leopold Infeld. 1938. *The Evolution of Physics.* Cambridge, U.K.: Cambridge University Press.

Flannery, Tim. 2013. "They're Taking Over!" *New York Review of Books,* Sept. 26.

Freud, Sigmund. 1891/1953. *On Aphasia: A Critical Study.* Oxford: International Universities Press.

——. 1901/1990. *The Psychopathology of Everyday Life.* New York: W. W. Norton.

Freud, Sigmund, and Josef Breuer. 1895/1991. *Studies on Hysteria.* New York: Penguin.

Friel, Brian. 1994. *Molly Sweeney.* New York: Plume.

Gooddy, William. 1988. *Time and the Nervous System.* New York: Praeger.

Gosse, Philip Henry. 1857. *Omphalos: An Attempt to Untie the Geological Knot.* London: John van Voorst.

Gould, Stephen Jay. 1990. *Wonderful Life.* New York: W. W. Norton.

Greenspan, Ralph J. 2007. *An Introduction to Nervous Systems.* Cold Spring Harbor, N.Y.: Cold Spring Harbor Laboratory Press.

Hadamard, Jacques. 1945. *The Psychology of Invention in the Mathematical Field.* Princeton, N.J.: Princeton University Press.

Hales, Stephen. 1727. *Vegetable Staticks.* London: W. and J. Innys.

Hanlon, Roger T., and John B. Messenger. 1998. *Cephalopod Behaviour.* Cambridge, U.K.: Cambridge University Press.

Hebb, Donald. 1949. *The Organization of Behavior: A Neuropsychological Theory.* New York: Wiley.

Helmholtz, Hermann von. 1860/1962. *Treatise on Physiological Optics.* New York: Dover.

———. 1877/1938. *On Thought in Medicine.* Baltimore: Johns Hopkins Press.

Herrmann, Dorothy. 1998. *Helen Keller: A Life.* Chicago: University of Chicago Press.

Herschel, J. F. W. 1858/1866. "On Sensorial Vision." In *Familiar Lectures on Scientific Subjects.* London: Alexander Strahan.

Holmes, Richard. 1989. *Coleridge: Early Visions, 1772–1804.* New York: Pantheon.

———. 2000. *Coleridge: Darker Reflections, 1804–1834.* New York: Pantheon.

Jackson, John Hughlings. 1932. *Selected Writings.* Vol. 2. Edited by James Taylor, Gordon Holmes, and F. M. R. Walshe. London: Hodder and Stoughton.

James, William. 1890. *The Principles of Psychology.* London: Macmillan.

———. 1896/1984. *William James on Exceptional Mental States: The 1896 Lowell Lectures.* Edited by Eugene Taylor. Amherst: University of Massachusetts Press.

———. 1897. *Louis Agassiz: Words Spoken by Professor William James at the Reception of the American Society of Naturalists by the President and Fellows of Harvard College, at Cam-*

bridge, on December 30, 1896. Cambridge, Mass.: printed for the university.

Jennings, Herbert Spencer. 1906. *Behavior of the Lower Organisms.* New York: Columbia University Press.

Kandel, Eric R. 2007. *In Search of Memory: The Emergence of a New Science of Mind.* New York: W. W. Norton.

Keynes, John Maynard. 1946. "Newton, the Man." *http://www-history.mcs.st-and.ac.uk/Extras/Keynes_Newton.html.*

Knight, David. 1992. *Humphry Davy: Science and Power.* Cambridge, U.K.: Cambridge University Press.

Koch, Christof. 2004. *The Quest for Consciousness: A Neurobiological Approach.* Englewood, Colo.: Roberts.

Köhler, Wolfgang. 1913/1971. "On Unnoticed Sensations and Errors of Judgment." In *The Selected Papers of Wolfgang Köhler,* edited by Mary Henle. New York: Liveright.

Kohn, David. 2008. *Darwin's Garden: An Evolutionary Adventure.* New York: New York Botanical Garden.

Kraepelin, Emil. 1904. *Lectures on Clinical Psychiatry.* New York: William Wood.

Lappin, Elena. 1999. "The Man with Two Heads." *Granta* 66:7–65.

Leont'ev, A. N., and A. V. Zaporozhets. 1960. *Rehabilitation of Hand Function.* Oxford: Pergamon Press.

Libet, Benjamin, C. A. Gleason, E. W. Wright, and D. K. Pearl. 1983. "Time of Conscious Intention to Act in Relation to Onset of Cerebral Activity (Readiness-Potential): The Unconscious Initiation of a Freely Voluntary Act." *Brain* 106:623–42.

Liveing, Edward. 1873. *On Megrim, Sick-Headache, and Some Allied Disorders: A Contribution to the Pathology of Nerve-Storms.* London: Churchill.

Loftus, Elizabeth. 1996. *Eyewitness Testimony.* Cambridge, Mass.:

Harvard University Press.

Lorenz, Konrad. 1981. *The Foundations of Ethology.* New York: Springer.

Luria, A. R. 1968. *The Mind of a Mnemonist.* Reprint, Cambridge, Mass.: Harvard University Press.

———. 1973. *The Working Brain: An Introduction to Neuropsychology.* New York: Basic Books.

———. 1979. *The Making of Mind.* Cambridge, Mass.: Harvard University Press.

Meige, Henri, and E. Feindel. 1902. *Les tics et leur traitement.* Paris: Masson.

Meynert, Theodor. 1884/1885. *Psychiatry: A Clinical Treatise on Diseases of the Fore-brain.* New York: G. P. Putnam's Sons.

Michaux, Henri. 1974. *The Major Ordeals of the Mind and the Countless Minor Ones.* London: Secker and Warburg.

Mitchell, Silas Weir. 1872/1965. *Injuries of Nerves and Their Consequences.* New York: Dover.

Mitchell, Silas Weir, W. W. Keen, and G. R. Morehouse. 1864. *Reflex Paralysis.* Washington, D.C.: Surgeon General's Office.

Modell, Arnold. 1993. *The Private Self.* Cambridge, Mass.: Harvard University Press.

Moreau, Jacques-Joseph. 1845/1973. *Hashish and Mental Illness.* New York: Raven Press.

Nietzsche, Friedrich. 1882/1974. *The Gay Science.* Translated by Walter Kaufmann. New York: Vintage Books.

Noyes, Russell, Jr., and Roy Kletti. 1976. "Depersonalization in the Face of Life-Threatening Danger: A Description." *Psychiatry* 39 (1): 19–27.

Orwell, George. 1949. *Nineteen Eighty-Four.* London: Secker and Warburg.

Pinter, Harold. 1994. *Other Places: Three Plays.* New York: Grove Press.

Pribram, Karl H., and Merton M. McGill. 1976. *Freud's "Project" Re-assessed.* New York: Basic Books.

Romanes, George John. 1883. *Mental Evolution in Animals.* London: Kegan Paul, Trench.

———. 1885. *Jelly-Fish, Star-Fish, and Sea-Urchins: Being a Research on Primitive Nervous Systems.* London: Kegan Paul, Trench.

Sacks, Oliver. 1973. *Awakenings.* New York: Doubleday.

———. 1984. *A Leg to Stand On.* New York: Summit Books.

———. 1985. *The Man Who Mistook His Wife for a Hat.* New York: Summit Books.

———. 1992. *Migraine.* Rev. ed. New York: Vintage Books.

———. 1993. "Humphry Davy: The Poet of Chemistry." *New York Review of Books,* Nov. 4.

———. 1993. "Remembering South Kensington." *Discover* 14(11): 78-80.

———. 1995. *An Anthropologist on Mars.* New York: Alfred A. Knopf.

———. 1996. *The Island of the Colorblind.* New York: Alfred A. Knopf.

———. 2001. *Uncle Tungsten.* New York: Alfred A. Knopf.

———. 2007. *Musicophilia: Tales of Music and the Brain.* New York: Alfred A. Knopf.

———. 2012. *Hallucinations.* New York: Alfred A. Knopf.

Sacks, O. W., O. Fookson, M. Berkinblit, B. Smetanin, R. M. Siegel, and H. Poizner. 1993. "Movement Perturbations due to Tics Do Not Affect Accuracy on Pointing to Remembered Locations in 3-D Space in a Subject with Tourette's Syndrome."

Society for Neuroscience Abstracts 19 (1): item 228.7.

Schacter, Daniel L. 1996. *Searching for Memory: The Brain, the Mind, and the Past.* New York: Basic Books.

———. 2001. *The Seven Sins of Memory.* New York: Houghton Mifflin.

Shenk, David. 2001. *The Forgetting: Alzheimer's: Portrait of an Epidemic.* New York: Doubleday.

Sherrington, Charles. 1942. *Man on His Nature.* Cambridge, U.K.: Cambridge University Press.

Solnit, Rebecca. 2003. *River of Shadows: Eadweard Muybridge and the Technological Wild West.* New York: Viking.

Spence, Donald P. 1982. *Narrative Truth and Historical Truth: Meaning and Interpretation in Psychoanalysis.* New York: Norton.

Sprengel, Christian Konrad. 1793/1975. *The Secret of Nature in the Form and Fertilization of Flowers Discovered.* Washington, D.C.: Saad.

Stent, Gunther. 1972. "Prematurity and Uniqueness in Scientific Discovery." *Scientific American* 227 (6): 84–93.

Tourette, Georges Gilles de la. 1885. "Étude sur une affection nerveuse caractérisée par de l'incoordination motrice accompagnée d'écholalie et de copralalie." *Archives de Neurologie* (Paris) 9.

Twain, Mark. 1917. *Mark Twain's Letters,* vol. 1. Ed. Albert Bigelowe Paine. New York: Harper & Bros.

———. 2006. *Mark Twain Speaking.* Town City: University of Iowa Press.

Vaughan, Ivan. 1986. *Ivan: Living with Parkinson's Disease.* London: Macmillan.

Verrey, Louis. 1888. "Hémiachromatopsie droite absolue." *Ar-*

chives d'Ophthamologie (Paris) 8: 289–300.

Wade, Nicholas J. 2000. *A Natural History of Vision.* Cambridge, Mass.: MIT Press.

Weinstein, Arnold. 2004. *A Scream Goes Through the House: What Literature Teaches Us About Life.* New York: Random House.

Wells, H. G. 1927. *The Short Stories of H. G. Wells.* London: Ernest Benn.

Wiener, Norbert. 1953. *Ex-Prodigy: My Childhood and Youth.* New York: Simon & Schuster.

Wilkomirski, Binjamin. 1996. *Fragments: Memories of a Wartime Childhood.* New York: Schocken.

Wilson, Edward O. 1994. *Naturalist.* Washington, D.C.: Island Press.

Zeki, Semir. 1990. "A Century of Cerebral Achromatopsia." *Brain* 113:1721–77.

Zihl, J., D. von Cramon, and N. Mai. 1983. "Selective Disturbance of Movement Vision after Bilateral Brain Damage." *Brain* 106 (2): 313–40.

译后记

残暴的傲慢征服残暴的痛苦，傲慢拒绝痛苦的结论——而结论本是安慰呀。

——尼采，《快乐的科学》

信心十足且稳健，心念灵动而周详，这些神奇的种子把幼根扎进土壤，将古怪的、小小的包裹状花蕾刺向天空……

——H. G. 威尔斯，《月亮上的第一个人》

关于人的科学，我们现在走到了何处？

思考这个问题之前，先回顾一个常被外部观察者误解的区分。理论的科学和经验的科学，两者的关系并不如第一眼看上去那么清晰。在一个富有创造性的专家身上，比如本书的作者奥利弗·萨克斯本人，我们经常能看到两者的混合，但若满足于此就有可能忽略：在理论的万丈雄心和临床的纤细敏锐之下，形构这些上层结晶物的精神黑土携带着本质上相同的体验，即某种难以调和的焦灼，某种向上涌出又仿佛受千钧力压的能量。奥利弗·萨克斯对柯尔律治的"剽窃"所敏感困惑之处，似乎也与之相关。我们的创造物挪用了他人之物，并视为己有，好比一件衣服长年累月地穿在身上，与肤发连为一体。萨克斯指出了其中的关键：此时的心灵处于某种脆弱的状态。

有时候，这种精神的"机关"看似是我们的知觉系统自然的运作规则。比起通过语言吸收的信息，写在海伦·凯勒手上、通过触觉吸收的信息，更容易和她自己的记忆混合。这会让我们忽视一点，即包括区分自我与外界在内的高阶认知功能，需要更高的精神力完成，尽管在一般状态下似乎能一举达成。正是在这个意义上，海伦·凯勒的情况呈现出两种功能之间的联系，其挪用虽无意"自然"，却有前提条件，也就是在她创作童话故事之时。换言之，是否创造力对我们来说是一项特别的任务，构成了某种挑战，以至于原本已在知觉层面建立的区别瓦解了？

萨克斯作为临床神经学医师，他的"主治范围"是器质性障碍导致的神经疾患，比如具有超常视像化能力的学者症候群患者，其记忆和复述的"内容"与这些内容唤起的情绪、意义感割裂。然而，有些患者模拟情绪如此"逼真"，连萨克斯这样资深的临床医师都不禁怀疑自己的专业判断。尽管没有沿着怀疑走下去，但他仍记录了这些与既有信念违和的观察，令人生出遐思。对当前一跃成为显学的一些神经疾患，萨克斯并不掩饰对其研究现状的不满。比如图雷特综合征的研究主要局限在分子和基因层面，只能解释其总体具有的易兴奋性，而根本无助于理解患者倾向于戏闹、幻想、表演、模拟、挑衅等丰富鲜活的表现。这样的解释显然是远远不足的，而不足的本质或许在于，对人的割裂的研究，使我们不能享受创造性解释带来的具有深邃意义感的广阔愉悦。

回到开始的区分。无论理论的科学还是经验的科学，只要将自己安放于一隅，这种焦灼似乎不太经常袭扰我们。而对于在最上层的基础研究中对人及其实践范畴整合的努力，似乎冷落成了更可期的待遇，颠覆性的认识往往掉入遗忘的黑洞。一方面是兴奋焦灼、不断攀升的整合性解释压力，站到"刀锋"之上（多丽丝·莱辛），而以想象的理念抚平，一方面是迫不及待地逃逸张力，奔向客观。尽管科学的步伐没有停止，创造力一定程度被阻碍，人的观念被打碎分解，不再被视为一个整体。

固守神经科学使萨克斯仿佛需要压抑其创造性解释张力，而书中似乎不断透露出，某种意义上弗洛伊德及其开创的深层心理研究成为这种阻抗的具现化。19 世纪末注定是人的研究的转折点。在弗洛伊德与其同志者的努力下，一些传统意义上的神经病症被纳入深层心理现象，比如因固着而形成无可抑制的重复的失语症。为了真正理解摆在面前的在旧有知识体系中无法穿透的现象，弗洛伊德毅然离开神经学领地，义无反顾地踏入人的科学全然黑暗的大陆，也因此实现了整合性解释前所未有的成就：人的群体维度呈现于个体的精神—身体界面。

精神分析欲建立治愈之道，与尼采式的痛苦之思相比看似凡庸。在尼采看来，痛苦的哲学是思想的子宫，而"被消过毒的"（波德莱尔）古典理性哲学只是实验室。但尼采相信，这种力量的真正源头，是因为痛苦不分离精神和灵魂。痛苦是思想的深情，尽管有所异化。萨克斯直到生命终末一再追思的达尔文和弗洛伊德，为其毕生求索源源不断注入理想深情。除了为楷模形象添砖加瓦——"漫长论证"巨观理论体系的战士、临床现象的分辨采集者，我们借着萨克斯惊奇的眼睛看到，达尔文用家庭作坊式的兰花实验发起"侧翼进攻"，弗洛伊德难以置信地一再跨越知见的隘口，劈斩道路。当萨克斯难掩骄傲地讲述自己开动脑筋，利用照相器械将知觉系统异常者的行为带回正常感知范畴时，仿佛在向他们童真地夸示：看，我做的和你一样！

当创造性心灵凝聚坚固，不会因害怕崩解而转向客观，生命世界灵动而周详，不再是无灵魂的机器。研究者紧贴马鞍般宽稳（萨克斯）而非锋锐的不确定性，随时准备将观察的搅动汇入推论的激流，也随时准备抛弃与观察不符的理论假设。若我们深情于一砖一瓦丈量世界的日日，而非汲汲于丈量所借助的工具本身，人的科学便如旭日般，像海因兹·科胡特（Heinz Kohut）所说的那样，散发出理解的温暖，阐释的光明。

陈晓菲

2022 年正月

于西安